U0142233

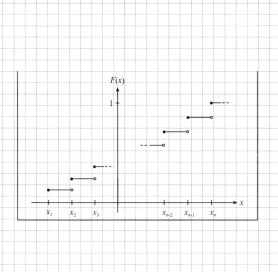

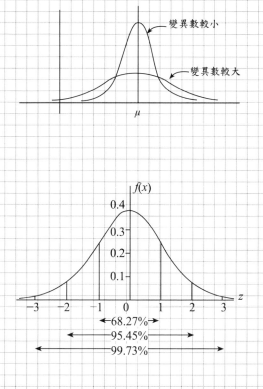

# 第一次學
# 機率就上手

林振義　著

五南圖書出版公司 印行

# 序言

　　我利用「SOP閃通教學法」教我們系上的工程數學課，學生普遍反應良好。學生在期末課程問卷上，寫著「這堂課真的幫了大家不少，以為工數很難，但在老師的教導下，工數就跟小學的數學一樣的簡單，這真的都是拜老師所賜的呀！」「老師很厲害，把一科很不容易學會的科目，一一講解的很詳細。」「老師謝謝您，讓我重新愛上數學。」「高三那年我放棄了數學，自從上您的課後，開始有了變化，而且還有教學影片可以在家裡複習，重點是上課也很有趣。」「一直以來我的數學是學過就忘，難得有老師可以讓我學之後記得那麼久的。」「老師讓工程數學變得非常簡單。」我們的前工學院李院長（目前任教於中山大學）說：「林老師很不容易，將一科很硬的科目，教得讓學生滿意度那麼高。」

　　我也因而得到了：教育部105年師鐸獎、明新科大100、104、107、109學年度教學績優教師、技職教育熱血老師、私校楷模獎等。我的上課講義《微分方程式》、《拉普拉斯轉換》，分別申請上明新科大104、105年度教師創新教學計畫，並獲選為優秀作品。

　　很多理工商科的基本計算題，如：微積分、工程數學、電路學等，有些人看到題目後，就能很快地將它解答出來，這是因為很多題目的解題方法，都有一個標準的解題流程[註]（SOP，Standard sOlving Procedure），只要將題目的數據帶入標準解題流程內，就可以很容易地將該題解答出來。

現在很多老師都將這標準解題流程記在頭腦內，依此流程解題給學生看。但並不是每個學生看完老師的解題後，都能將此解題流程記在腦子裡。

SOP閃通教學法是：若能將此解題流程寫在黑板上，一步一步的引導學生將此題目解答出來，學生可同時用耳朵聽（老師）解題步驟、用眼睛看（黑板）解題步驟，則可加深學生的印象，學生只要按圖施工，就可以解出相類似的題目來。

SOP閃通教學法的目的就是要閃通，是將老師記在頭腦內的解題步驟用筆寫出來，幫助學生快速的學習，就如同：初學游泳者使用浮板、初學下棋者使用棋譜、初學太極拳先練太極十八式一樣，這些浮板、棋譜、固定的太極招式都是為了幫助初學者快速的學會游泳、下棋和太極拳，等學生學會了後，浮板、棋譜、固定的太極招式就可以丟掉了。SOP閃通教學法也是一樣，學會後SOP就可以丟掉了，之後再依照學生的需求，做一些變化題。

有些初學者的學習需要藉由浮板、棋譜、SOP等工具的輔助，有些人則不需要，完全是依據每個人的學習狀況而定，但最後需要藉由工具輔助的學生，和不需要工具輔助的學生都學會了，這就叫做「因材施教」。

我身邊有一些同事、朋友，甚至IEET教學委員們直覺上覺得數學怎能SOP？老師們會把解題步驟（SOP）記在頭腦內，依此解題步驟（SOP）教學生解題，我只是把解題步驟（SOP）寫下來，幫助學生學習，但我的經驗告訴我，對我的學生而言，寫下SOP的教學方式會比SOP記在頭腦內的教學方式好很多。

我這本書就是依據此原則所寫出來的。我利用此法寫一系列的數學套書，包含有：

1. 第一次學微積分就上手
2. 第一次學工程數學就上手 (1)—微積分與微分方程式
3. 第一次學工程數學就上手 (2)—拉氏轉換與傅立葉
4. 第一次學工程數學就上手 (3)—線性代數
5. 第一次學工程數學就上手 (4)—向量分析與偏微分方程式
6. 第一次學工程數學就上手 (5)—複變數
7. 第一次學機率就上手
8. 工程數學—SOP 閃通指南
9. 大學學測數學滿級分 (I)(II)

它們的寫作方式都是盡量將所有的原理或公式的用法流程寫出來，讓讀者知道如何使用此原理或公式，幫助讀者學會一門艱難的數學。

最後，非常感謝五南圖書股份有限公司對此書的肯定，此書才得以出版。本書雖然一再校正，但錯誤在所難免，尚祈各界不吝指教。

林振義

email: jylin @ must.edu.tw

註：數學題目的解題方法有很多種，此處所說的「標準解題流程（SOP）」是指教科書上所寫的或老師上課時所教的那種解題流程，等學生學會一種解題方法後，再依學生的需求，去了解其他的解題方法。

## 教學成果

1. 教育部 105 年**師鐸獎**（教學組）。

2. 明新科大 100、104、107、109 學年度**教學績優教師**。

3. 上課講義「微分方程式」申請上明新科大 104 年度**教師創新教學計畫**，並獲選為**優秀作品**。

4. 上課講義「拉普拉斯轉換」申請上明新科大 105 年度**教師創新教學計畫**，並獲選為**優秀作品**。

5. 執行本校 105 年北區技專院校計畫「**如何開發及推廣優質課程**」。

6. 推廣中等程度學生適用的「**SOP 閃通教學法**」和「**下課前給學生練習**」。

7. 獲選為技職教育**熱血老師**，接受蘋果日報專訪，於 106 年 9 月 1 日刊出。https://tw.appledaily.com/headline/20170901/2Z WGHOX3RT7PFA4GHC6IGOLEPQ/

8. 錄製 12 個主題，共 102 部**教學影片**，約 3000 分鐘，放在電機系網站供學生自由下載。

9. 107 年 11 月 22 日執行**高教深耕計畫**，同儕觀課與分享討論（主講人）。

10. 101 年 5 月 10 日學校指派出席龍華科大校際**優良教師觀摩講座**主講人。

11. 101 年 9 月 28 日榮獲私校楷模獎。

12. 文章「SOP 閃通教學法」發表於師友月刊，2016 年 2 月第 584 期 81 到 83 頁。

13. 文章「談因材施教」發表於師友月刊，2016 年 10 月第 592 期 46 到 47 頁。

# 目 錄

第一章　機率的基礎 ……… 3

1.1　加法原理與乘法原理 ……………… 3

1.2　排列與組合 ……… 6

1.3　機率基本觀念 …… 16

1.4　樹狀圖 …………… 31

1.5　條件機率與貝氏定理 ……………… 35

第二章　離散隨機變數 - 53

2.1　離散型隨機變數與其機率質量函數 ………………… 53

2.2　期望值與變異數 ………………… 63

2.3　動差、動差母函數與特徵函數 ……… 74

2.4　常見的離散型機率分布函數 ………… 79

第三章　連續型隨機變數 ………………… 119

3.1　連續型隨機變數與其機率分布 …… 119

3.2　期望值與變異數 ………………… 124

3.3　動差、動差母函數與特徵函數 …… 129

3.4　常見的連續型機率分布函數 ……… 133

第四章　聯合機率分布 ………………… 167

4.1　多個隨機變數與其機率分布 ……… 167

4.2　聯合分布的期望值、變異數、共變異數、相關係數、動差母函數、特徵函數 …………… 197

4.3 變數變換、卷積和多變數條件分布 ·······················217

4.4 多個隨機變數的分布 ·······················237

4.5 中央極限定理與柴比雪夫不等式··246

附錄一 標準常態分布積分值·······261

# 機　率

圖片來源：wikipedia.org

**柴比雪夫**

　　柴比雪夫出生於俄國貴族，自幼左腳患有腳疾，在家接受教育，啓蒙老師是母親和表姊，並與表姊學法語，因而可以和歐洲數學界人士接觸。

　　柴比雪夫在機率論不受重視的年代即從事此門學問的研究，他一開始就從古典機率論中的基本意義問題著手，即「大數定理」。在他一系列的研究中，他首先使用隨機變數的概念，後來成爲機率學和數理統計學的重要概念。他在 1882 年建立一個著名的不等式，就是「柴比雪夫不等式」。有很多以他的名字命名的數學定理，有：柴比雪夫不等式、柴比雪夫大數定理、柴比雪夫常數、柴比雪夫函數…等。

## 機率簡介

　　機率，又稱概率、或然率等，是對隨機事件發生之可能性的度量；機率將事件發生之可能性轉換成在 0 到 1 之間的實數。若事件發生的可能性越高，表示其機率值越大。機率的應用很廣，如：數學、統計學、金融、賽局理論、科學、人工智慧／機器學習、電腦科學及哲學等學科中都會用到。

　　機率的內容不外乎：(1) 隨機變數與其機率函數，(2) 期望值、變異數與標準差，(3) 動差、動差母函數與特徵函數，(4) 機率分布函數等。本書也以這些內容為主。

本機率書分成四章來討論，包含：

　　第一章機率的基礎：此部分大多是高中數學的內容，節錄自我所著作的《大學學測數學滿級分》（五南書局），它是後三章的基礎，有了本章的知識，後三章學得才會紮實。

　　第二章離散隨機變數：離散數是不連續的數，如整數，1 和 2 之間沒有其他數存在，本章是探討離散數的機率內容。

　　第三章連續型隨機變數：連續數是連續的數，如實數，任何二數中間永遠有其他數存在，本章是探討連續數的機率內容，它介紹的主題和第二章同，只是第二章是離散數，第三章是連續數。

　　第四章聯合機率分配：上面二章都是探討一個隨機變數的機率內容，本章是探討多個隨機變數的機率內容。

　　本書有些小節後面會有計算題和證明題，計算題放前面而證明題放後面，若讀者時間不夠，可略掉比較繁瑣的證明題。

# 第 1 章　機率的基礎

## 1.1　加法原理與乘法原理

> 1.〔加法原理〕完成一件事要「1 個步驟」，此步驟有「$n$ 種方法」，其中第一種方法有 $m_1$ 種不同的作法；第二種方法有 $m_2$ 種不同的作法；…；第 $n$ 種方法有 $m_n$ 種不同的作法，如此完成此件事的方法有 $m_1 + m_2 + \cdots\cdots + m_n$ 種（相加）。

**例 1** 從台北到高雄有三種交通工具可坐（飛機、火車、客運），飛機有三種航空公司，火車有四種車種（自強、莒光、復興、電聯車），有五家客運公司，則選擇從台北到高雄的方法有幾種？

**解** 從台北到高雄的方法有 $3+4+5=12$ 種。

**例 2** △ ABC 中，在 $\overline{AB}, \overline{BC}, \overline{CA}$ 邊上任意取 3、4、5 點，將這些點與對邊的點連接起來，問可連接成幾條線段

**做法** 因二點連線只要「1 個步驟」，就可以得到一條線

**解** (1) $\overline{AB}$ 有 3 點，$\overline{BC}$ 有 4 點 $\Rightarrow$ 可連成 $3 \times 4 = 12$ 條直線。

(2) $\overline{AB}$ 有 3 點，$\overline{CA}$ 有 5 點 $\Rightarrow$ 可連成 $3 \times 5 = 15$ 條直線。

(3) $\overline{BC}$ 有 4 點，$\overline{CA}$ 有 5 點 $\Rightarrow$ 可連成 $4 \times 5 = 20$ 條直線。

(1)＋(2)＋(3) 共可連成 $12 + 15 \ 20 = 47$ 條直線

2.〔**乘法原理**〕完成一件事要「$n$ 個步驟」，第一個步驟可以有 $m_1$ 個做法、第二個步驟有 $m_2$ 個做法、……第 $n$ 個步驟有 $m_n$ 個作法，如此，完成此事件的方法有 $m_1 \times m_2 \times \dots \dots \times m_n$ 種（相乘）。

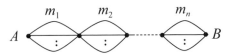

　　　　　　　　有　$m_1 \times m_2 \times \dots \dots \times m_n$ 種方法

3.〔**加法、乘法原理差異**〕加法原理和乘法原理最大的差別在於：

(1) 加法原理從頭到尾算一個階段；

(2) 乘法原理是從頭到尾分割成很多階段，必須完成第一階段後，才能繼續第二階段。

例3 畢業旅行要去台北、新竹、台中、台南、高雄玩，其中：

台北到新竹有五種方式到達；

新竹到台中有三種方式到達；

台中到台南有四種方式到達；

台南到高雄有六種方式到達，

則從台北到高雄的路線有幾種？

解 其走的路線有 $5 \cdot 3 \cdot 4 \cdot 6 = 360$ 種。

例 4　某人有 5 頂帽子、3 幅眼鏡、4 條領帶、5 件衣服、4 件褲子、5 雙鞋子，若他可以選擇不戴帽子或打領帶（其他均要穿），問他有幾種穿法？

解　因可以不用戴帽子或打領帶，他們二者多一種選擇，所以 $(5+1) \times 3 \times (4+1) \times 5 \times 4 \times 5 = 9000$ 種

## 1.2　排列與組合

---

4. 〔排列〕有 $n$ 個不同的東西，取出其中的 $m$ 個（$m \leq n$），
依取出的順序排成一列，其排列的方法有：

$$P(n,m) = n \cdot (n-1) \cdots \cdot [n-(m-1)] = \frac{n!}{(n-m)!}（即：乘 m 次）$$

說明　第一次有 $n$ 個選擇，第二次有 $(n-1)$ 個選擇（已
取出一個），…，第 $m$ 次有 $n-(m-1)$ 個選擇，
依乘法原理，其總共有 $n \cdot (n-1) \cdots \cdot [n-(m-1)]$
種。

---

例 5　(1) 把編號是 1 到 $n$ 的鉛筆，放入編號是 1 到 $n$ 的鉛筆
盒裡，每個鉛筆盒放入一隻鉛筆，其放法總數有幾
種？

(2) 從 26 個英文字母的紙牌中，取出 5 張紙牌排列，則
有幾種排列方法？

(3) 班上有 50 人，要選正、副班長各 1 人，共有多少種
選法？

解　(1) 第一隻鉛筆有 n 種選擇，第二隻鉛筆有 $n-1$ 種選擇
……第 n 隻鉛筆有 1 種選擇，共有
$n \times (n-1) \times \cdots \times 1 = n!$ 種。

(2) 第一次有 26 種選擇，第二次有 25 種選擇……第五
次有 22 種選擇，共有 $P(26, 5) = 26 \cdot 25 \cdot 24 \cdot 23 \cdot 22$

(3) 班長有 50 種選擇，副班長有 49 種選擇，共有
$P(50, 2) = 50 \cdot 49 = 2450$ 種

5. 〔**排列的題型**〕底下是排列的常見題型：

(1)〔**全部排列**〕有 $n$ 個不同的東西，取出 $n$ 個，排成一列，則為

$$P(n,n) = \frac{n!}{(n-n)!} = \frac{n!}{0!} = \frac{n!}{1} = n!$$

(2)〔**重覆排列 (I)**〕有 $n$ 個不同的東西，取出 $m$ 個排成一列，每取出一個知道結果後，「要再放回去」，則此種排列的方式為 $n^m$ 種。

　　說明 第一次有 $n$ 個選擇，第二次也有 $n$ 個選擇（因第一次的東西要放回去），…，第 $m$ 次有 $n$ 個選擇，由乘法原理知為 $n^m$。

(3)〔**重覆排列 (II)**〕若有 $n$ 類不同的東西，每類的個數均大於 $m$ 個，若要任取 $m$ 個排成一列（不放回去），其排列的方式有 $n^m$ 種。

　　說明 此公式與上一項說明相同。也就是每個位置均可以有 $n$ 種不同的選擇（因每類個數均大於 $m$），共有 $m$ 個位置，所以為 $n^m$ 種。

(4)〔**不盡相異物之直線排列**〕若有 $k$ 類不同的東西，其中第一類有 $m_1$ 個，第二類有 $m_2$ 個，…，第 $k$ 類有 $m_k$ 個，且 $m_1 + m_2 + \cdots\cdots + m_k = n$，若將此 $n$ 個東西排成一列，其排列的方式有 $\dfrac{n!}{m_1! m_2! \cdots\cdots m_k!}$ 種。

　　說明 我們先將每一類有 $m_i$ 個東西看成是不一樣的，其全部排列方式有 $n!$ 個。但其同一類的東西是

相同的，以 $m_1$ 爲例，其爲相同東西，排成一列，只有一種排法；但若其爲不同的東西，排成一列，有 $m_1!$ 種排法，也就是多算了 $m_1!$ 種，所以第一類東西多算 $m_1!$ 種，第二類東西多算 $m_2!$ 種，…，第 $k$ 類多算 $m_k!$ 種，所以眞正排列種類爲 $\dfrac{n!}{m_1!m_2!\cdots\cdots m_k!}$ 種。

(5)〔走捷徑問題〕走捷徑問題有下列幾種題型（註：走捷徑表示不能走回頭也不能繞遠路）：

(a)〔沒有障礙物和限制〕南北街道有 $n+1$ 條（即有 $n$ 段），東西街道有 $m+1$ 條（即有 $m$ 段）（見下圖 (a)），則從 A 點到 B 點，走捷徑的方法有 $\dfrac{(m+n)!}{m!n!}$ 種。

(b)〔有限制〕由 A 點經過 C 點到達 B 點，可將它改成 A 點到 C 點的走法，乘以 C 點到 B 點的走法。

說明　如下圖 (b)，由 A 點經過 C 點到達 B 點，走捷徑時可將它改成 A 點到 C 點的捷徑走法乘以 C 點到 B 點的捷徑走法。即 A-C 有 $\dfrac{5!}{2!3!}=10$ 種，C-B 有 $\dfrac{4!}{2!2!}=6$ 種，所以 A-C-B 捷徑有 $10\times 6=60$ 種。

(c)〔有障礙物〕從 A 點到 B 點走捷徑，但不可經過 C 點，其作法是由 A 點出發，以交點爲計算的基礎，起點爲 1，其餘交點的值爲「此交點的左邊和下邊的和」。

說明 如下圖 (c) 圖，從 A 點到 B 點走捷徑，但不可經過 C 點，其作法是由 A 點出發，以交點為計算的基礎，起點為 1，其餘交點的值為「此交點的左邊和下邊的和」，其結果在(c)圖，共有66種。

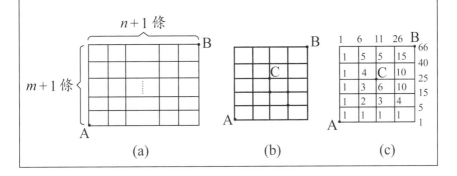

(a)　　　　　　　　(b)　　　　　　　　(c)

例 6 (1) 從 26 個英文字母的紙牌中取出 5 張，每次取出 1 張紙牌，看完點數後再放回去，將點數排列，則排列數有幾種？

(2) 袋子中有紅白黑三種顏色球各 10 顆，今依序抽 6 顆球出來，共有幾種組合方式？

(3) 袋子中有 2 顆紅球，3 顆白球，4 顆黑球，今將此 9 個東西排成一列，其排列的方式有幾種？

解 (1) 第一次有 26 種選擇，第二次有 26 種選擇，…，第五次有 26 種選擇，總共有 $26^5$ 種。

(2) 第一次有 3 種選擇，第二次有 3 種選擇，…，第六次有 3 種選擇，總共有 $3^6$ 種組合。

(3) 有 $\dfrac{9!}{2!3!4!} = 1260$ 種。

**例7** $(a+b+c+d)^{10}$ 展開式中，下列項的係數爲何？

(1)$a^3b^2cd^4$；(2)$a^5b^5$；(3)$abcd$

**做法** 此題可看成有 $a, b, c, d$ 等 4 類物品，取出後再放回，取出 10 次，有幾種取法。

**解** (1) $\dfrac{10!}{3!2!1!4!}$ 個；(2) $\dfrac{10!}{5!5!}$ 個；(3) 其指數和不爲 10，展開式中無此項

**例8** 有 5 位男生，5 位女生，此 10 人要配成 5 對，(1) 若每對男女各一，(2) 每對可同性，問分別有幾種配法？

**解** (1) 由男挑女，第一位男生有 5 位女生選擇，第二位男生有 4 位女生選擇，…，則爲 $5 \times 4 \times 3 \times 2 \times 1 = 120$ 種

(2) 第一位有 9 種選擇，第二位有 7 種選擇，…，則爲 $9 \times 7 \times 5 \times 3 \times 1 = 945$ 種

---

6. 〔組合〕有 n 個不同的東西，取出 m 個爲一堆 $(m \leq n)$，不考慮此 m 個東西的先後順序，此稱爲從 n 個中取 m 個，其結果爲 $C(n,m) = \dfrac{n!}{m!(n-m)!}$。

**說明** 由前一段知，若其爲排列，則有

$P(n,m) = \dfrac{n!}{(n-m)!}$ 種，此時有先後順序，我們若不考慮先後順序，則還要除以 $m!$，即

$\dfrac{n!}{(n-m)!m!}$ 種 $= C(n,m)$ 種。

7. 〔組合的性質〕底下為一些組合的性質

(1) $C(n, n) = 1$, $C(n, 0) = 1$

(2) 若 $0 \leq m \leq n$，則 $C(n, m) = C(n, n-m)$；

　　說明 從 $n$ 件不同的東西中取出 $m$ 件（剩下 $n-m$ 件）的結果，和取出 $n-m$ 件（剩下 $m$ 件）的結果是相同的，例如：$C(5, 2) = C(5, 3)$

(3) 巴斯卡定理：若 $1 \leq m \leq n-1$，則

$$C(n, m) = C(n-1, m) + C(n-1, m-1)$$

　　說明 從 $n$ 個不同的東西中，取出 $m$ 個的結果是下列二項的組合（設 $n$ 個中，有一個東西為 $A$）：

　　(a) $m$ 個中有取到 $A$，所以剩下 $(n-1)$ 個中取 $(m-1)$ 個 $\Rightarrow C(n-1, m-1)$

　　(b) $m$ 個中沒取到 $A$，所以剩下 $(n-1)$ 個中要取 $m$ 個 $\Rightarrow C(n-1, m)$

　　(c) 其結果為 $C(n, m) = C(n-1, m) + C(n-1, m-1)$ 例如：$c(5, 3) = c(4, 3) + c(4, 2)$

例 9 (1) 從 52 張撲克牌中取出 6 張，有幾種不同的取法？

(2) 把 $k$ 個相同的球，放入編號是 1 到 $n$ 的籃子裡（$k \leq n$），每個籃子最多放一個球，總共有幾種放法總？

答 (1) $C_6^{52} = \dfrac{52!}{6! \cdot (52-6)!} = \dfrac{52!}{6! \cdot 46!}$

(2) $n$ 的籃子取出 $k$ 個，每個籃子放一個球 $\Rightarrow C_k^n$

例 10 將 12 枝相同鉛筆分給甲、乙、丙、丁、戊、己等六個人，其中 2 人得 4 枝，2 人得 2 枝，另 2 人沒分到，則 (1) 有幾種分法；(2) 在此分法下，若甲得 4 枝的分法有幾種；(3) 在此分法下，甲得 4 枝，乙得 4 枝，丙沒分到的分法有幾種。

解 (1) 12 枝相同鉛筆分成 6 組 4、4、2、2、0、0 分給 6 人，分法有 $\dfrac{6!}{2!2!2!}=90$ 種

(2) 甲得 4 枝 $\Rightarrow$ 將 4、2、2、0、0 分給 5 人，分法有 $\dfrac{5!}{1!2!2!}=30$ 種

(3) 甲得 4 枝，乙得 4 枝，丙沒分到 $\Rightarrow$ 將 2、2、0 分給 3 人，分法有 $\dfrac{3!}{2!1!}=3$ 種

例 11 有 10 對夫妻，任選 4 人，問下列的組合有幾種，(1) 此 4 人彼此均不是夫妻，(2) 此 4 人是二對夫妻，(3) 此 4 人一對是夫妻，一對不是夫妻？

答 (1) 10 對選出 4 對，每對可夫也可妻 $\Rightarrow C(10,4) \times 2^4$，

(2) 10 對選出 2 對 $\Rightarrow C(10,2)$，

(3) 10 對選出 1 對（2 人），另外 9 對選出 2 對（可夫也可妻）$\Rightarrow C(10,1) \times C(9,2) \times 2^2$

例 12 有 13 張 1~13 的撲克牌，(1) 任取 6 張；(2) 取 6 張，其內有一張為 A 者，(3) 取 6 張，其內有 A 和 2 者：(4) 取 6 張，其內恰有一張 A 或 2 者；(5) 取出 6 張，其內不含 A 或 2 者；(6) 取出 6 張，其內至少含有 A、2、3

或 4 者；(7) 取出 6 張分給 6 人，每人一張，問各有幾
種方法？

解 (1) $C(13, 6)$

(2) 取出 A 後，剩下的為 12 張取 5 張 $\Rightarrow C(12, 5)$

(3) 取出 A、2 後，剩下的為 11 張取 4 張 $\Rightarrow C(11, 4)$

(4) 除了 A、2 外，剩下的為 11 張取 5 張，另一張可為
　 A 或 2 $\Rightarrow 2 \cdot C(11, 5)$

(5) 不含 A 或 2，則 11 張取 6 張 $\Rightarrow C(11, 6)$

(6) 全部組合減去不含 A、2、3 或 4 者
　 $\Rightarrow C(13, 6) - C(9, 6)$

(7) $C(13, 6) \cdot 6! = P(13, 6)$

例 13 要從 6 人中選出 4 人參加國、英、數、物理的測驗，但
其中有 2 人不能考國文，問有幾種不同的組合？

答 先選國文考生（$C(4, 1)$），再依序選出英、數、物理的
考生（$P(5, 3)$），所以有 $C(4, 1) P(5, 3) = 240$ 種

---

8. 〔二項式定理〕二項式定理是描述二項式 $(x+y)^n$ 展開的結
果，其常見的公式有：

(1) $(x + y)^n = \sum_{r=0}^{n} C(n, r) x^{n-r} \cdot y^r$

$\qquad = C(n, 0)x^n + C(n, 1)x^{n-1} \cdot y + \cdots\cdots + C(n, n)y^n$，

其共有 $n+1$ 項，其中第 $r+1$ 項為 $C(n, r)x^{n-r} y^r$

(2) 令 $x = y = 1$，則 $C(n, 0) + C(n, 1) + \cdots\cdots + C(n, n) = 2^n$

(3) 令 $x = 1, y = -1$，則

$\quad C(n, 0) + C(n, 2) + C(n, 4) + \cdots\cdots = C(n, 1) + C(n, 3) + \cdots\cdots = 2^{n-1}$

(4) $(x+y)^n$ 展開後，有 $(n+1)$ 個項次。

 (a)當 $n$ 為奇數時，第 $\dfrac{n-1}{2}+1$ 項和 $\dfrac{n+1}{2}+1$ 項的係數相同，且為最大係數者。

 (b)當 $n$ 為偶數時，第 $\dfrac{n}{2}+1$ 項為中間數項，且其為最大係數者。

(5) 特例：

$$(1+x)^n = C(n,0)+C(n,1)\cdot x+C(n,2)\cdot x^2+\cdots+C(n,n)\cdot x^n$$

9. 〔巴斯卡三角形〕二項式定理的公式有：

(1) $(x+y)^0 = 1$，

(2) $(x+y)^1 = x+y$，

(3) $(x+y)^2 = x^2+2xy+y^2$，

(4) $(x+y)^3 = x^3+3x^2y+3xy^2+y^3$，

(5) $(x+y)^4 = x^4+4x^3y+6x^2y^2+4xy^3+y^4$，

若將它們的係數拿出來，可以表示一個三角形，且下面的值等於上面二個值的和，此稱為巴斯卡三角形。即：

```
        1
      1   1
    1   2   1
  1   3   3   1
1   4   6   4   1
```

例 14 求下列條件下的多項式係數：(1)$(x+y)^{10}$ 的 $x^3y^7$；(2) $(3x-2y^2)^6$ 的 $x^4y^4$ 係數；

解 (1) $x^3y^7$ 的係數為 $C(10, 3) = C(10, 7) = \dfrac{10!}{3! \times 7!} = 120$

(2) $(3x - 2y^2)^6$ 的 $x^4y^4$ 係數中的 $x^4y^4$ 為 $(3x)^4(-2y^2)^2$ 再乘以 $C(6, 4)$，即 $C(6, 4) \cdot 3^4 \cdot (-2)^2 = 4860$

## 1.3 機率基本觀念

10.〔隨機試驗〕試驗（experiment）是可以產生一些明確結果的操作，而求機率的試驗均是隨機（random）試驗。

隨機試驗是：

(1) 在不改變試驗的條件下，它可以一直重複地試驗下去。

(2) 在試驗前，我們無法知道它的結果，但我們可以知道所有可能的結果。

(3) 若重複非常多次的試驗時，它會有一個明確的規則出現。

例如：投擲骰子就是一個隨機試驗，

　　(1) 它可以一直地投擲下去。

　　(2) 投擲之前，我們無法知道它會出現幾點，但我們知道它一定是 1、2、3、4、5 或 6 中的一個數（明確結果）。

　　(3) 若此骰子是一個公正的骰子，則每個數點出現的機會為 $\frac{1}{6}$。

---

11.〔樣本空間、事件〕底下為「樣本空間」和「事件」的定義：

(1) 樣本空間：在每一個試驗中，樣本空間是所有可能的結果所成的集合，通常以大寫 S 表之。

(2) 事件：樣本空間 S 下的一個事件是一組可能出現的結果。

例：投擲一個骰子，

(1) 其樣本空間 S = {1, 2, 3, 4, 5, 6}；

(2) 若事件 A 表示其值大於 2 的結果，則事件 A = {3, 4, 5, 6}；

(3) 若事件 B 表示其值為偶數的結果，則事件 B = {2, 4, 6}。

例 15 若樣本空間為投銅板五次的所有可能的結果，事件 A 為「正面出現的次數為 3」，問 (1) 有幾個樣本空間？(2) 事件 A 有哪些？

[解] (1) 每次投擲都有二種可能的結果（正面或反面），所以樣本空間有 $2^5 = 25$ 個

(2) 事件 A 有：（正正正反反），（正正反正反），（正反正正反），（反正正正反），（正正反反正），（正反正反正），（反正正反正），（正反反正正），（反正反正正），（反反正正正），共 $C(5, 3) = 10$ 個

例 16 若一個硬幣有正反二面，共投擲三次，問其出現的樣本空間有幾個？

[解] 樣本空間 = {（正正正），（正正反），（正反正），（反正正），（正反反），（反正反），（反反正），（反反反）}，共有 $2^3 = 8$ 個。

例 17 (1) 投擲一個公正骰子三次，求其樣本空間內有幾個？

(2) 投擲三個相同的骰子，求其樣本空間內有幾個？

(3) 投擲三個不同顏色的骰子，求其樣本空間內有幾個？

解 (1) $6 \times 6 \times 6 = 216$ 個。

　　(2) (a) 三個骰子點數相同，有 6 種。

　　　　(b) 二個骰子點數相同，另一個不同有 $6 \times 5 = 30$ 種。

　　　　(c) 三個骰子點數均不同，有 $6 \times 5 \times 4 = 120$ 種。

　　　　共有 $6 + 30 + 120 = 156$ 種。

　　(3) $6 \times 6 \times 6 = 216$ 種。

---

12. 〔**事件的特性**〕若 $A$、$B$ 為二事件，則：

(1) $A \cup B$ 表示發生事件 $A$「或」發生事件 $B$ 的事件，也稱為 $A$、$B$ 的「和事件」。

(2) $A \cap B$ 表示發生事件 $A$「且」發生事件 $B$ 的事件，也稱為 $A$、$B$ 的「積事件」。

(3) $A\text{-}B$ 表示發生事件 $A$ 但不發生事件 $B$ 的事件，也稱為事件 $A$、$B$ 的「差事件」。

(4) $A \cap B = \Phi$，表示 $A$、$B$ 為互斥事件，是發生事件 $A$ 就不會發生事件 $B$，或發生事件 $B$ 就不會發生事件 $A$。

(5) 若 $A$ 為一事件，則 $\overline{A}$ 是不會發生 A 的事件，也稱為 $A$ 的「餘事件」，即 $\overline{A} = S - A$。

（註：$S$ 是宇集，是全部事件的集合）

---

例 18　生產線生產出來的物品，好的標為 G，壞掉的標為 B，檢查這些物品的方式為：「連續檢查出二個壞掉的物品，或連續檢查四個物品」就停止，則此實驗的樣本空間有幾個？

[解] (1) 連續檢查出二個壞掉的物品：(B,B), (G,B,B),
(B,G,B,B), (G,G,B,B) 共 4 個

(2) 連續檢查四個物品但不連續檢查出二個壞掉的物
品：(G,G,G,G), (G,G,G,B), (G,G,B,G), (G,B,G,G),
(B,G,G,G), (G,B,G,B), (B,G,G,B), (B,G,B,G) 共 8 個

(1)+(2)，所以總共有 12 個。

[例 19] 一電子公司測試其電子元件，若其樣本空間爲
$S = \{t \mid t \geq 0\}$，而三個事件分別爲：

$A = \{t \mid t < 100\}, B = \{t \mid 50 \leq t \leq 200\}, C = \{t \mid t > 150\}$

求 (1) $A \cup B$，(2) $A \cap B$，(3) $B \cup C$，(4) $B \cap C$，
(5) $A \cap C$，(6) $A \cup C$，(7) $\overline{A}$，(8) $\overline{B}$。

[做法] 劃出數線圖會比較清楚。

[解] (1) $A \cup B = \{t \mid 0 \leq t \leq 200\}$, (2) $A \cap B = \{t \mid 50 \leq t < 100\}$,

(3) $B \cup C = \{t \mid t \geq 50\}$, (4) $B \cap C = \{t \mid 150 < t \leq 200\}$

(5) $A \cap C = \Phi$, (6) $A \cup C = \{t \mid 0 \leq t < 100$ 或 $t > 150\}$

(7) $\overline{A} = \{t \mid t \geq 100\}$, (8) $\overline{B} = \{t \mid 0 \leq t < 50$ 或 $t > 200\}$。

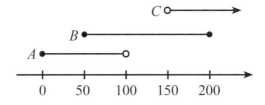

13.〔機率定義〕

(1) 機率是每一次進行隨機試驗時，事件發生的可能性。

(2) 在樣本空間 $S$ 下，若一事件 $A$ 的機率爲 $P(A)$，則 $P(A)$
爲「$A$ 元素的個數（$n(A)$）除以 $S$ 的全部元素個數

（$n(S)$）」，即 $P(A) = \dfrac{n(A)}{n(S)}$。

(3) 機率為 0 表示事件不會發生；

(4) 機率為 1 表示事件一定會發生。

**例 20** 班上有 50 人，同學間有人生日相同的機率為何？（假設一年有 365 天）

**做法** 要解「至少有人生日相同的機率」，常要利用「1－（沒有人生日相同的機率）」

**解** 沒有人生日相同的機率 $= \dfrac{P(365,50)}{365^{50}}$

所以有人生日相同的機率 $= 1 - \dfrac{P(365,50)}{365^{50}}$

**例 21** 一盒子內有標上 1 到 10 的 10 顆球，隨機從盒子內取出一球，此球為 3, 5 或 7 號的機率為何？

**解** 機率 $= \dfrac{3}{10}$

**例 22** 有一半徑為 1 的圓盤，圓心上放一指針，而圓盤以圓心為中點往外相等分割成 37 個區域，每個區域分別標為 1, 2……37，求此指針停在偶數區域的機率。

**解** 共有 37 區，偶數有 18 區，故機率 $= \dfrac{18}{37}$

**例 23** 有 30 個水果，其中 10 個是壞的，20 個是好的，任意選取二個，請問：下列情況下的機率為何？(1) 二個均是好的，(2) 二個均是壞的，(3) 有一個是好的，另一個是壞的？

解 (1) $\dfrac{C(20,2)}{C(30,2)} = \dfrac{20 \times 19}{30 \times 29}$

(2) $\dfrac{C(10,2)}{C(30,2)} = \dfrac{10 \times 9}{30 \times 29}$

(3) $\dfrac{C(20,1) \cdot C(10,1)}{C(30,2)} = \dfrac{20 \times 10 \times 2}{30 \times 29}$

例 24 某一電腦，其損壞原因有三：(1) 主機板壞掉；(2) 螢幕壞掉；(3) 鍵盤壞掉。而主機板壞掉的機率是螢幕壞掉的兩倍，而螢幕壞掉的機率是鍵盤壞掉的四倍，請問每一種損壞的機率為何？

解 設事件 A 為主機板壞掉，事件 B 為螢幕壞掉，事件 C 為鍵盤壞掉，則

$P(A) = 2P(B), P(B) = 4P(C),$ 且 $P(A) + P(B) + P(C) = 1$

$\Rightarrow P(C) = \dfrac{1}{13}, P(B) = \dfrac{4}{13}, P(A) = \dfrac{8}{13}$

例 25 一由四直線 $x = 0$，$y = 0$，$x = 1$，$y = 1$ 圍成的四邊形中，隨機取一點，若此點落在三直線 $x = 0$，$y = 0$，$x + y = 1$ 所圍成的範圍內的機率圍何？

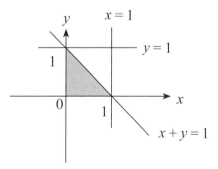

解 機率 $= \dfrac{\text{三角形面積}}{\text{四邊形面積}} = \dfrac{\dfrac{1}{2}}{1} = \dfrac{1}{2}$

例 26　從半徑為 5 的圓盤中，在圓周上隨機取一點，求此點落在 0 到 $\frac{\pi}{4}$ 弧度的圓周區域機率為何？

解　圓半徑為 $r$，圓心角為 $\theta$ 的圓弧長為 $r\theta$

$$機率 = \frac{扇形弧度}{圓形圓周} = \frac{\frac{\pi}{4} \cdot 5}{2\pi \cdot 5} = \frac{1}{8}$$

例 27　投擲骰子 12 次，求 (1) 有 2 次六，(2) 最少 2 次六的機率？

解　(1) $C(12,2)(\frac{1}{6})^2(\frac{5}{6})^{10}$

(2) 機率 = 1 - ( 沒有六 ) - ( 一次六 )

$$= 1 - (\frac{5}{6})^{12} - C(12,1)(\frac{1}{6})(\frac{5}{6})^{11}$$

例 28　房間內有 10 人，穿著 1 到 10 號的衣服，任意選出 3 個人，(1) 若此三人最小的衣服號碼為 5 的機率為何？(2) 最大為 5 的機率又為何？

解　(1) 選出 5 號的機率為 $\frac{1}{10}$，其餘 9 人，選出 2 人號碼為 6~10 的機率為 $\frac{C(5,2)}{C(9,2)}$，所以選出最小號碼為 5 的機率為 $\frac{1}{10} \cdot \frac{C(5,2)}{C(9,2)} = \frac{1}{10} \times \frac{5 \times 4}{9 \times 8} = \frac{1}{36}$

(2) 同理 $\frac{1}{10} \times \frac{C(4,2)}{C(9,2)} = \frac{1}{10} \cdot \frac{4 \times 3}{9 \times 8} = \frac{1}{60}$

例29 袋子內有編號 1 到 10 的紙牌，(1) 同時取出二張，(2) 分別取出 2 張，取出後不放回去，問其點數和為 10 的機率分別為多少？

解 (1) 同時取出的點數和為 10 的有 (1,9), (2,8), (3,7), (4,6) 共 4 組，其機率為

$$\frac{4}{C(10,2)} = \frac{4 \times 2}{10 \times 9} = \frac{4}{45}$$

(2) 分別取出 2 張點數和為 10 的有 (1,9), (2,8), (3,7), (4,6), (6,4), (7,3), (8,2), (9,1) 共 8 組，

其機率為 $\dfrac{8}{P(10,2)} = \dfrac{8}{10 \times 9} = \dfrac{4}{45}$

例30 大樂透的玩法如下：有 1 到 49 等 49 個號碼，買家一次選取 6 個不同的號碼，莊家開獎時，開 6 個不同的號碼和一個特別號（共 7 個不同的號碼），若 (a) 買家的 6 個號碼和莊家的 6 個號碼完全相同（不含特別號），則中頭彩；(b) 若買家的 6 個號碼和莊家的 6 個號碼中的 5 個相同，而買家的第 6 個（沒中的）號碼和莊家特別號相同，則二頭彩；(c) 若買家的 6 個號碼和莊家的 6 個號碼中的 3 個相同（不含特別號），且買家沒中的 3 個號碼也和特別號不同，則中普獎。問：(1) 中頭彩的機率為何；(2) 中二彩的機率為何；(3) 中普獎的機率為何

解 (1) 中頭彩的機率為 $\dfrac{1}{C(49,6)} = \dfrac{1}{13983816}$，約一千四百萬分之一

(2) 中二彩的機率為：莊家的 6 個號碼中 5 個（$C(6, 5)$）、莊家的一個號碼和特別號相同（$C(1, 1)$），即

$$\frac{C(6,5)C(1,1)}{C(49,6)}$$

(3) 中普獎的機率為：莊家的 6 個號碼中了 3 個（$C(6, 3)$）、其他號碼（含特別號均沒中（$C(42, 3)$（取 42 是要扣除特別號）），即

$$\frac{C(6,3)C(42,3)}{C(49,6)} = 0.0164，約百分之 1.5$$

---

14.〔**機率的性質** (I)〕在樣本空間 $S$ 下，若一事件 $A$ 的機率為 $P(A)$，其有下列的性值：

(1) $0 \le P(A) \le 1$

(2) $P(S) = 1$（必然事件），$P(\Phi) = 0$（不可能事件）

(3) 若 $A$、$B$ 為二互斥事件（表示 $A \cap B = \phi$），則 $P(A \cup B) = P(A) + P(B)$；或若 $A$、$B$、$C$ 為三彼此間均互斥事件，則 $P(A \cup B \cup C) = P(A) + P(B) + P(C)$。

(4) 若 $\overline{A}$ 為事件 A 的餘事件，則

$$P(A) + P(\overline{A}) = 1 \Rightarrow P(\overline{A}) = 1 - P(A)$$

(5) 若 A、B、C 為樣本空間 S 下的任意三事件，則

(a) $P(A \cup B) = P(A) + P(B) - P(A \cap B)$

(b) $P(A \cup B \cup C) = P(A) + P(B) + P(C) - P(A \cap B)$
$- P(B \cap C) - P(C \cap A) + P(A \cap B \cap C)$

(6) 若 $A \cup B = U$（宇集），則 $P(A) = P(A \cap B) + P(A \cap \overline{B})$

(7) 若 $A \subset B$，則 $P(A) \le P(B)$

(8) 若 $A \cap B = \Phi$，則 $P(A \cup B) = P(A) + P(B)$

例 31 一樣本空間有 $A,B$ 二事件，若 $P(A) = \dfrac{3}{5}$，$P(B) = \dfrac{2}{3}$，$P(A \cap B) = \dfrac{1}{3}$，求

(1) $P(\overline{A}) = ?$；(2) $P(A \cup B) = ?$；(3) $P(A \cap \overline{B}) = ?$；

(4) $P(A \cup \overline{B}) = ?$

解 (1) $P(\overline{A}) = 1 - P(A) = 1 - \dfrac{3}{5} = \dfrac{2}{5}$

(2) $P(A \cup B) = P(A) + P(B) - P(A \cap B) = \dfrac{3}{5} + \dfrac{2}{3} - \dfrac{1}{3} = \dfrac{14}{15}$

(3) $P(A) = P(A \cap B) + P(A \cap \overline{B})$

$\Rightarrow P(A \cap \overline{B}) = P(A) - P(A \cap B) = \dfrac{3}{5} - \dfrac{1}{3} = \dfrac{4}{15}$

(4) $P(A \cup \overline{B}) = P(A) + P(\overline{B}) - P(A \cap \overline{B})$

$= \dfrac{3}{5} + (1 - \dfrac{2}{3}) - \dfrac{4}{15} = \dfrac{2}{3}$

例 32 有 $A, B$ 二事件，且 $P(A) = x$, $P(B) = y$, $P(A \cap B) = z$，試以 $x$、$y$、$z$ 表示下列事件機率，(1) $P(\overline{A} \cup \overline{B})$？

(2) $P(\overline{A} \cap B)$？(3) $P(\overline{A} \cup B)$？(4) $P(\overline{A} \cap \overline{B})$？

解 (1) $P(\overline{A} \cup \overline{B}) = 1 - P(\overline{\overline{A} \cup \overline{B}}) = 1 - P(A \cap B) = 1 - z$

(2) $P(B) = P(\overline{A} \cap B) + P(A \cap B)$

$\Rightarrow P(\overline{A} \cap B) = P(B) - P(A \cap B) = y - z$

(3) $P(\overline{A} \cup B) = 1 - P(\overline{\overline{A} \cup B}) = 1 - P(A \cap \overline{B})$

$= 1 - [P(A) - P(A \cap B)]$

$= 1 - (x - z) = 1 - x + z$

(4) $P(\overline{A} \cap \overline{B}) = 1 - P(\overline{\overline{A} \cap \overline{B}}) = 1 - P(A \cup B)$

$= 1 - [P(A) + P(B) - P(A \cap B)] = 1 - x - y + z$

例 33　教室內男生有 5 人超過（含）16 歲，4 人小於 16 歲，女生有 6 人超過 16 歲，3 人小於 16 歲。定義：事件 A = { 超過 16 歲的人 }，事件 B = { 小於 16 歲的人 }，事件 C = { 男生 }，事件 D = { 女生 }，從教室內走出一人，則此人 (1) $P(B \cup D)$ (2) $P(\overline{A} \cap \overline{C})$ 為何？

解　教室內共有 $5+4+6+3=18$ 人

$$P(A)=\frac{11}{18}，P(B)=\frac{7}{18}，P(C)=\frac{9}{18}，P(D)=\frac{9}{18} 且$$

$$P(A \cap C)=\frac{5}{18}，P(B \cap C)=\frac{4}{18}，P(A \cap D)=\frac{6}{18}$$

$$P(B \cap D)=\frac{3}{18}$$

$$(1)\ P(B \cup D)=P(B)+P(D)-P(B \cap D)=\frac{7}{18}+\frac{9}{18}-\frac{3}{18}=\frac{13}{18}$$

$$(2)\ P(\overline{A} \cap \overline{C})=1-P(\overline{\overline{A} \cap \overline{C}})=1-P(A \cup C)$$

$$=1-[P(A)+P(C)-P(A \cap C)]$$

$$=1-(\frac{11}{18}+\frac{9}{18}-\frac{5}{18})=\frac{1}{6}$$

例 34　1 到 100 之間，任選一數，可以被 6 或 8 整除的機率為何？

解　可被 6 整除個數 $n(6)=\dfrac{100}{6}=16$

可被 8 整除個數 $n(8)=\dfrac{100}{8}=12$

可被 6 且 8（或 24）整除個數 $n(6 \cap 8)=\dfrac{100}{24}=4$

可被 6 或 8 整除個數

$n(6\cup 8)=n(6)+n(8)-n(6\cap 8)=16+12-4=24$，

$P(6\cup 8)=\dfrac{n(6\cup 8)}{100}=\dfrac{24}{100}=0.24$

**例 35** 一實驗中有 A, B, C 三種事件，將下列敘述以集合符號表之：(1) 至少有一事件發生；(2) 僅有一事件發生；(3) 僅有二事件發生。

**解** (1) $A\cup B\cup C$

(2) $(A\cap \overline{B\cup C})\cup(B\cap \overline{C\cup A})\cup(C\cap \overline{A\cup B})$

(3) $(A\cap B\cap \overline{C})\cup(A\cap \overline{B}\cap C)\cup(\overline{A}\cap B\cap C)$

**例 36** 有 A, B, C 三事件，且 $P(A)=P(B)=P(C)=\dfrac{1}{4}$，

$P(A\cap B)=P(B\cap C)=0$，$P(A\cap C)=\dfrac{1}{8}$，求 (1) 這三事件中，至少有一事件發生的機率為何？(2) 三事件均不發生的機率？

**解** (1) 題目要求 $P(A\cup B\cup C)$ 但因 $P(A\cap B)=0$，所以 $P(A\cap B\cap C)=0$

$$P(A\cup B\cup C)=P(A)+P(B)+P(C)-P(A\cap B)$$
$$-P(B\cap C)-P(C\cap A)+P(A\cup B\cup C)$$
$$=\dfrac{1}{4}+\dfrac{1}{4}+\dfrac{1}{4}-0-0-\dfrac{1}{8}+0=\dfrac{5}{8}$$

(2) 三事件均不發生的機率 $=1-P(A\cup B\cup C)$
$$=1-\dfrac{5}{8}=\dfrac{3}{8}$$

〔**率的性質** (II)〕設某一樣本空間 $S = \{A_1, A_2, \dots A_k\}$，且**中** $A_i$ 發生的機率為 $P_i$，則

**)** $P_i \geq 0$, $i = 1, 2 \dots, k$（每個機率值均大於等於 0）

**2)** $P_1 + P_2 + \dots + P_k = 1$（所有機率值的和等於 1）

**(3)** 若一事件 $B$ 包含 $r$ 的結果（$1 \leq r \leq k$），即 $B = \{P_1, P_2, \dots P_r\}$，且它們彼此間互斥，則 $B$ 的機率 $P(B) = P_1 + P_2 + \dots P_r$。（$P_i$, $P_j$ 二事件互斥表示 $P(P_i \cap P_j) = 0$）

**(4)** 若每個 $A_i$ 發生的機率均相同，則 $P_i = \dfrac{1}{k}$（$k$ 為個數）

---

例 37　投擲一骰子，其樣本空間 $S = \{1,2,3,4,5,6\}$，若此骰子為公正骰子，且每個點數出現機率均相同，求：(1) 每個點數出現的機率？(2) 出現偶數點數的機率？

解　(1) $P_1 = \dfrac{1}{6}$，$P_2 = \dfrac{1}{6}$，$\dots\dots$，$P_6 = \dfrac{1}{6}$，

（即 $P_1 + P_2 + \dots + P_6 = 1$），

(2) 若事件 A 為出現偶數的點數，則

$A = \{2,4,6\}$，$P(A) = \dfrac{1}{6} + \dfrac{1}{6} + \dfrac{1}{6} = \dfrac{1}{2}$

例 38　袋子內有 10 件好的物品，4 件有點瑕疵的物品，2 件有嚴重瑕疵的物品，任取一物，求下列條件下的機率：(1) 好的物品，(2) 不是嚴重瑕疵的物品，(3) 可能是好的或嚴重瑕疵的物品。

解 袋子內總共有 16 件物品

(1) $P = \dfrac{C(10,1)}{C(16,1)} = \dfrac{10}{16} = \dfrac{5}{8}$ （全部有 16 件物品）

(2) $P = 1 -$ 嚴重瑕疵物品的機率 $= 1 - \dfrac{C(2,1)}{C(16,1)} = 1 - \dfrac{1}{8} = \dfrac{7}{8}$

另解 $P =$ 好的物品機率 $+$ 有點瑕疵機率

$\qquad = \dfrac{10}{16} + \dfrac{4}{16} = \dfrac{7}{8}$

(3) 好的物品機率 $+$ 嚴重瑕疵物品機率

$\quad = \dfrac{C(10,1)}{C(16,1)} + \dfrac{C(2,1)}{C(16,1)} = \dfrac{12}{16} = \dfrac{3}{4}$

另解 機率 $= 1 -$ 有點瑕疵的機率 $= 1 - \dfrac{4}{16} = \dfrac{3}{4}$

例 39 1500 台洗衣機中，其中 400 台有瑕疵，若任選 200 台（選出後不再放回去），求 (1) 剛好 90 台有瑕疵的機率為何？(2) 至少 2 台有瑕疵的機率為何？

解 (1) $P = \dfrac{C(400,90) \cdot C(1100,110)}{C(1500,200)}$

(2) $P$（至少 2 台有瑕疵）

$\quad = 1 - P$（沒有瑕疵）$- P$（只有一台有瑕疵）

$\quad = 1 - \dfrac{C(1100,200)}{C(1500,200)} - \dfrac{C(400,1) \cdot C(1100,199)}{C(1500,200)}$

例 40 某人對一目標發射 12 發子彈，若他每發的命中率為 0.9，求其至少中一發的機率。

解 沒命中的機率 $= 0.1$

至少命中 1 發的機率 $= 1 -$（沒中）$= 1 - (0.1)^{12}$

例 41　一部機器是由 4 個開關並聯而成，因此要 4 個同時關
　　　　掉，此機器才會關掉，若每個開關關起來的機率分別爲
　　　　0.1，0.2，0.3 和 0.4，求此機器打開的機率爲何？

解　機率 = 1 - 全部關起的機率
　　　　= $1 - 0.1 \cdot 0.2 \cdot 0.3 \cdot 0.4 = 1 - 0.0024 = 0.9976$

## 1.4 樹狀圖

16.〔**樹狀圖**〕電腦裡的檔案或公司的組織架構圖通常會依照
樹狀結構組織起來（見下圖），樹狀結構是由一個或多個
節點（下圖的圓圈）所組成的有限集合，它具有下列二
個性質：

(1)它有一個（恰有一個）特殊的節點（通常畫在最上面
或最左邊），稱爲樹根（root），如下圖的 $A$ 節點；

(2)其下（或其右）可以依需求再長出 $n$（$\geq 0$）個「不相
連」的節點。這些「不相連」的節點也可以繼續往下
（或往右）長，直到資料記錄完畢爲止。

■例如：

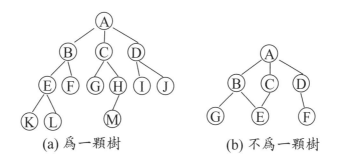

(a) 爲一顆樹　　　　　(b) 不爲一顆樹

(1)上面 (a) 圖爲一棵樹，它滿足樹的定義的所有條件；

(2)上面 (b) 圖不是一棵樹，因爲 B 和 C 節點同時連到 E
節點上。

17.〔**樹狀圖應用**〕若要計算的數量不大，可以使用窮舉法來
做，而窮舉法可使用樹狀圖來幫助組織資料，以達到成
計數的目的。

例42 有關樹狀結構，下列何者正確？

(1) 樹狀結構的節點可以是有限個，也可以是無限多個

(2) 樹狀結構的節點個數，是依實際情況而定，而不是固定個數

(3) 樹狀結構的樹根個數，是依實際情況而定，而不是固定個數

(4) 樹狀結構若樹根畫在上面，則上層的節點可以連接到多個下一層的節點

(5) 樹狀結構若樹根畫在上面，則下層的節點可以連接到多個上一層的節點

解 (2)，(4)

(1) 不可以無限多個

(3) 樹根只有 1 個

(5) 下層的節點只能連接到 1 個上一層的節點

例43 有甲、乙兩隊比賽棒球，採五戰三勝制（即先贏三場者獲勝且比賽結束）。已知第一場由甲隊獲勝，則 (1) 最後甲隊獲勝的情況有幾種？(2) 乙隊獲勝的情況有幾種？(3) 全部輸贏的情況有幾種？

做法 若要計算的數量不大，可以使用窮舉法來做

解 若甲獲勝，則以 A 表示；若乙獲勝，則以 B 表示。全部勝負情況如下：

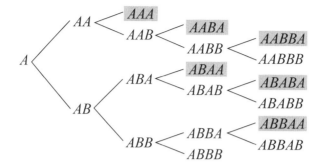

由上圖知：

(1) 甲獲勝的情況有 6 種

(2) 乙獲勝的情況有 4 種

(3) 全部輸贏的情況有 10 種

例 44 彩票公司每天開獎一次，從 1, 2, 3 三個號碼中隨機開出一個，如果開出的號碼與前一天相同，就要重開。如果第一天開出的號碼為 3，求第 5 天哪個號碼開出的機率最大？

解 ：本題採用「開出的號碼的樹狀圖」來解：

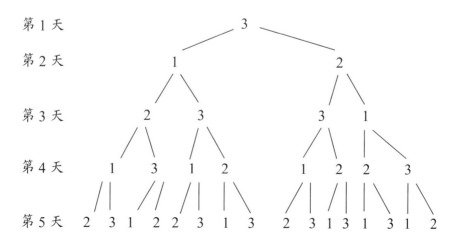

第 5 天開出號碼為：1 的機率 $=\dfrac{5}{16}$；2 的機率 $=\dfrac{5}{16}$；

3 的機率 $=\dfrac{6}{16}$，所以開出 3 的機率最大

## 1.5　條件機率與貝氏定理

18.〔**條件機率**〕條件機率是「在某事件發生的情況下，另一事件發生的機率」。

19.〔**條件機率公式**〕條件機率 $P(B|A)$ 表示在事件 $A$ 發生的條件下，事件 $B$ 發生的機率，其為 $P(B|A) = \dfrac{P(A \cap B)}{P(A)}$

20.〔**條件機率性質**〕若事件 $A$、$B$、$C$ 為樣本空間 $S$ 下的三個事件，則條件機率有下列的性質：

(1) $P(A \cap B) = P(A) \cdot P(B|A) = P(B) \cdot P(A|B)$

　證明　$P(B|A) = \dfrac{P(A \cap B)}{P(A)} \Rightarrow P(A \cap B) = P(A) \cdot P(B|A)$

(2) $P(A \cap B \cap C) = P(A) \cdot P(B|A) \cdot P(C|A \cap B)$

　證明　$P(A) \cdot P(B|A) \cdot P(C|A \cap B)$

$$= P(A) \cdot \dfrac{P(A \cap B)}{P(A)} \cdot \dfrac{P(A \cap B \cap C)}{P(A \cap B)} = P(A \cap B \cap C)$$

(3) $P(S|A) = 1$ （即 $P(S|A) = \dfrac{P(S \cap A)}{P(A)} = \dfrac{P(A)}{P(A)} = 1$）

(4) $P(A|A) = 1$ （即 $P(A|A) = \dfrac{P(A \cap A)}{P(A)} = \dfrac{P(A)}{P(A)} = 1$）

(5) $P(\Phi|A) = 0$ （$P(\Phi|A) = \dfrac{P(\Phi \cap A)}{P(A)} = \dfrac{P(\Phi)}{P(A)} = \dfrac{0}{P(A)} = 0$）

(6) $0 \le P(B|A) \le 1$ （最大為 $P(S|A) = 1$，最小為 $P(A \cap B) = 0$）

21.〔**條件機率觀念**〕某工廠生產的產品，定義：事件
$A=\{$ 第一次拿到的為不良品 $\}$，事件 $B=\{$ 第二次拿到的
為不良品 $\}$，則
(1)「若第一次拿到的為不良品的條件下，第二次亦拿到
不良品」的機率即為條件機率，以 $P(B|A)$ 表之。
(2)它與「抽二次均為不良品」不同，抽二次均為不良品
的機率為 $P(A\cap B)$。

例 45　已知 $P(A)=0.6$，$P(B)=0.45$，$P(A\cap B)=0.3$，求

(1) $P(B|A)=$？　(2) $P(A|B)=$？

解　(1) $P(B\mid A)=\dfrac{P(A\cap B)}{P(A)}=\dfrac{0.3}{0.6}=\dfrac{1}{2}$

(2) $P(A\mid B)=\dfrac{P(A\cap B)}{P(B)}=\dfrac{0.3}{0.45}=\dfrac{30}{45}=\dfrac{2}{3}$

例 46　某工廠生產的產品，100 個中有 20 個是良品，80 個是
不良品，依序拿出二個（拿出後不放回去）則定義：事
件 $A=\{$ 第一次拿到的為不良品 $\}$，事件 $B=\{$ 第二次拿
到的為不良品 $\}$，求 (1) $P(A)$；(2)「抽二次均為不良品
的機率」；(3)「若第一次拿到的為不良品的條件下，第
二次亦拿到不良品的機率」

解　(1) $P(A)=\dfrac{80}{100}$

(2)「抽二次均為不良品的機率」$=P(A\cap B)=\dfrac{80}{100}\cdot\dfrac{79}{99}$

(3) 第一次不良品的條件下，第二次亦不良品

$$= P(B \mid A) = \frac{P(A \cap B)}{P(A)} = \frac{\frac{80}{100} \cdot \frac{79}{99}}{\frac{80}{100}} = \frac{79}{99}$$

例 47　統計去年購買新車的人中，40% 的人已結婚且已有了一部車，50% 的人已有了一部車，60% 的人已結婚。請問：(a) 現已知購買新車的人中已有了一部車，他已結婚的機率？(b) 現已知購買新車的人中他已結婚，他已有了一部車的機率？(c) 現已知購買新車的人中他還沒結婚，他已有了一部車的機率？

做法　解這種題目通常要先將已知和問題列出來

解　(1) 已知：設購買新車的人中，「已結婚」的事件為 M，「已有一部車」的事件為 $C$，

則 $P(M \cap C) = 0.4, P(C) = 0.5, P(M) = 0.6$

(2) 題目要求：

(a) $P(M \mid C) = ?$；(b) $P(C \mid M) = ?$；(c) $P(C \mid \overline{M}) = ?$

(3) 解法：(a) $P(M \mid C) = \dfrac{P(M \cap C)}{P(C)} = \dfrac{0.4}{0.5} = 0.8$

(b) $P(C \mid M) = \dfrac{P(M \cap C)}{P(M)} = \dfrac{0.4}{0.6} = 0.667$

(c) $P(C \mid \overline{M}) = \dfrac{P(\overline{M} \cap C)}{P(\overline{M})}$

因 $P(M \cap C) + P(\overline{M} \cap C) = P(C)$

$\Rightarrow P(\overline{M} \cap C) = 0.5 - 0.4 = 0.1$

$$所以 P(C \mid \overline{M}) = \frac{P(\overline{M} \cap C)}{P(\overline{M})} = \frac{0.1}{1 - 0.6} = \frac{0.1}{0.4}$$

$$= 0.25$$

例 48 統計去年年齡 ≧ 20 歲以上的成人中，有 60% 的年齡
在：20 歲≦年齡＜ 60 歲；有 40% 的年齡 ≧ 60 歲；而
年齡在 20 歲≦年齡＜ 60 歲的人中，去年有 70% 的人
有出過國，請問年齡在 20 歲≦年齡＜ 60 歲的人且去年
有出過國的機率為何？

做法 解這種題目通常要先將已知和問題列出來

解 (1) 已知：(a) 設「年齡在 20 歲≦年齡＜ 60 歲的人」的
事件為 A，則「年齡 ≧ 60 歲」的事件為 $\overline{A}$，

(b)「去年有出過國」的事件為 B，則

$$P(A) = 0.6, P(\overline{A}) = 0.4, P(B \mid A) = 0.7$$

(2) 題目要求；$P(A \cap B)$

(3) 解法：$P(B \mid A) = \dfrac{P(A \cap B)}{P(A)}$

$$\Rightarrow P(A \cap B) = P(A) \times P(B \mid A) = 0.6 \times 0.7 = 0.42$$

---

22.〔貝氏定理〕貝氏定理是條件機率下的一個定理，若將樣
本空間分割成多個互斥的事件（設為 $A_i$，$i = 1$ 到 $n$），且
$A_1 \cup A_2 \cup \cdots \cup A_n = S$，$A_i \cap A_j = \phi (i \neq j)$，則它說明：事件
$A_i$ 和另一事件 $B$ 之間的條件機率。

(1) 以 2 個事件為例：設 $A_1$、$A_2$（即 $A_2 = \overline{A_1}$）為樣本空間
$S$ 內的一種分割，事件 $B$ 為任意一事件，
若 $P(A_i) > 0$，$i = 1, 2$，且 $P(B) > 0$，則

$$P(A_i \mid B) = \frac{P(A_i \cap B)}{P(B)} = \frac{P(A_i)P(B \mid A_i)}{P(A_1)P(B \mid A_1) + P(A_2)P(B \mid A_2)},$$

$i = 1, 2$。

(2) 證明：要求 $P(A_i|B)$ 也就是要求 $\dfrac{P(A_i \cap B)}{P(B)}$，其中

(a) 分子：$P(A_i)P(B \mid A_i) = P(A_i)\dfrac{P(A_i \cap B)}{P(A_i)} = P(A_i \cap B)$

(b) 分母：因 $P(A_1)P(B \mid A_1) + P(A_2)P(B \mid A_2)$

$\qquad = P(A_1 \cap B) + P(A_2 \cap B)$

又 $A_1 \cup A_2 =$ 樣本空間 $S$

所以分母 $P(B) = P(A_1 \cap B) + P(A_2 \cap B)$

$\qquad\qquad = P(A_1)P(B|A_1) + P(A_2)P(B|A_2)$

註：若以 3 個事件為例：設 $A_1$、$A_2$、$A_3$ 為樣本空間 $S$ 內
的一種分割，則分母

$P(B) = P(A_1)P(B \mid A_1) + P(A_2)P(B \mid A_2) + P(A_3)P(B \mid A_3)$

*只有此處不同，其餘的均相同。*

(3) 貝氏定理的解法通常是：

(1) 將題目已知的機率值列出來

(2) 將要求的問題的機率式子列出來：通常是求

$\qquad P(A_i \mid B) = \dfrac{P(A_i \cap B)}{P(B)}$

(3) 由 (1) 的已知，可以求得 (2) 的 $P(B)$ 的機率（算法
為：證明的分母部分）

(4) 由 (1) 的已知，可以求得 (2) 的 $P(A_i \cap B)$ 的機率（算
法為：證明的分子部分）

(5) 由 (3)(4) 的結果代入 (2) 內，即可將答案算出來

例 49 某公司的產品分別由 A、B、C 工廠所提供，其中 A 工廠提供 40%，B 工廠提供 30%，C 工廠提供 30%，而 A, B, C 工廠所生產的產品中分別有 5%、10% 和 8% 的瑕疵品，若從該公司的產品中發現一個瑕疵品，則此瑕疵品為 A 工廠所製造的機率為何？

解 (1) 將題目已知的機率值列出來：

設 D 表示瑕疵品事件，則

$P(A) = 0.4$；$P(B) = 0.3$；$P(C) = 0.3$

（註：$P(A) + P(B) + P(C) = 1$）

$P(D|A) = 0.05$；$P(D|B) = 0.1$；$P(D|C) = 0.08$；

(2) 將要求的問題的機率式子列出來：

$$P(A|D) = \frac{P(A \cap D)}{P(D)}$$

(3) 由 (1) 的已知，可以求得 (2) 的 $P(D)$ 的機率（本題有三個事件 $A, B, C$）

$$P(D) = P(D|A)P(A) + P(D|B)P(B) + P(D|C)P(C)$$
$$= 0.05 \cdot 0.4 + 0.1 \cdot 0.3 + 0.08 \cdot 0.3 = 0.074$$

(4) 由 (1) 的已知，可以求得 (2) 的 $P(A \cap D)$ 的機率

$$P(D|A) = \frac{P(A \cap D)}{P(A)}$$

$$\Rightarrow P(A \cap D) = P(A) \cdot P(D|A) = 0.4 \cdot 0.05 = 0.02$$

(5) 由 (3)(4) 的結果代入 (2) 內，即可將答案算出來

$$P(A|D) = \frac{P(A \cap D)}{P(D)} = \frac{0.02}{0.074} = 0.27$$

例 50 某家公司工人發生操作錯誤的機率是 0.1，當工人發生操作錯誤後停電的機率是 0.3，工人沒操作錯誤停電的機率是 0.2，請問停電時，工人操作錯誤的機率為何？

解 (1) 將題目所提到的機率值列出來

令 E：表示工人操作錯誤的事件

F：表示停電的事件

所以 $P(E)=0.1$；$P(F|E)=0.3$；$P(F|\overline{E})=0.2$

(2) 將要求的問題的機率式子列出來：

$$P(E|F)=\frac{P(E\cap F)}{P(F)}$$

(3) 由 (1) 可以求得停電的機率（即 $P(F)$）

$$P(F)=P(F|E)P(E)+P(F|\overline{E})P(\overline{E})$$
$$=0.3\cdot0.1+0.2\cdot0.9=0.21$$

(4) 由 (1) 的已知，可以求得 $P(E\cap F)$ 的機率

$$P(E\cap F)=P(F|E)P(E)=0.3\cdot0.1=0.03$$

(5) 由 (3)(4) 的數值代入 (2) 內，即可將答案算出來

$$P(E|F)=\frac{P(E\cap F)}{P(F)}=\frac{0.03}{0.21}=\frac{1}{7}$$

例 51 有家公司從 4 個子公司進相同的貨品，每個子公司供貨比例和瑕疵機率如下表所示，問一個瑕疵來自第 1 子公司的機率為何？

| 子公司 | 供貨比例 | 瑕疵機率 |
|--------|----------|----------|
| 1 | 0.2 | 0.04 |
| 2 | 0.4 | 0.03 |
| 3 | 0.3 | 0.02 |
| 4 | 0.1 | 0.01 |

解 (1) 將題目所提到的機率值列出來

令 $F_i$ 代表貨品來自第 $i$ 家子公司的事件，$i = 1, 2, 3, 4$

$E$ 代表貨品有瑕疵的事件

則 $P(F_1) = 0.2$；$P(F_2) = 0.4$；$P(F_3) = 0.3$；$P(F_4) = 0.1$；

$P(E|F_1) = 0.04$；$P(E|F_2) = 0.03$；$P(E|F_3) = 0.02$；

$P(E|F_4) = 0.01$；

(2) 將要求的問題的機率式子列出來：

$$P(F_1 | E) = \frac{P(F_1 \cap E)}{P(E)}$$

(3) 註：此題有 4 個事件

由 (1) 可以求得貨品有瑕疵的機率（即 $P(E)$）

$$P(E) = P(E | F_1) P(F_1) + P(E | F_2) P(F_2)$$
$$+ P(E | F_3) P(F_3) + P(E | F_4) P(F_4)$$
$$= 0.2 \cdot 0.04 + 0.4 \cdot 0.03 + 0.3 \cdot 0.02 + 0.1 \cdot 0.01 = 0.027$$

(4) 由 (1) 的已知，可以求得 $P(E_1 \cap E)$ 的機率

$$P(F_1 \cap E) = P(E | F_1) P(F_1) = 0.04 \cdot 0.2 = 0.008$$

(5) 由（3)(4) 的數值代入（2）內，即可將答案算出來

$$P(F_1 | E) = \frac{P(F_1 \cap E)}{P(E)} = \frac{0.008}{0.027} = \frac{8}{27}$$

例 52 有箱子 A 和箱子 B 二箱子，每個箱子均有二個抽屜，其中箱子 A 的 2 個抽屜分別放金子和銀子，箱子 B 則全放金子，然後任意打開一抽屜，發現為金子，問此金子是由箱子 B 得到的機率有多少？

解 (1) 令箱子 A、箱子 B、金子，銀子分別以事件 A, B, G, S 表之，則：選到 A 或 B 的機率均為 0.5，即

$P(A) = 0.5$，$P(B) = 0.5$

$P(G|A) = 0.5$，$P(S|A) = 0.5$，$P(G|B) = 1$，

(2) 現要求 $P(B|G) = \dfrac{P(B \cap G)}{P(G)}$ 的機率，

(3) $P(G) = P(G|A) \cdot P(A) + P(G|B) \cdot P(B)$

$= 0.5 \times 0.5 + 1 \times 0.5 = 0.75$

(4) $P(B \cap G) = P(G|B)P(B) = 1 \cdot 0.5 = 0.5$

(5) $P(B|G) = \dfrac{P(B \cap G)}{P(G)} = \dfrac{0.5}{0.75} = \dfrac{2}{3}$

例 53 某工廠有 A, B, C 三台機器，每台機器各製造 25%，35% 和 40% 的產品，而其產品的瑕疵率分別為 5%，4%，2%，現在取出一產品，發現為瑕疵品，問此瑕疵品用 A, B, C 三台機器製造出的的機率各為多少？

解 (1) 設瑕疵品為 D，$P(A) = 0.25$，$P(B) = 0.35$，$P(C) = 0.40$，$P(D|A) = 0.05$，$P(D|B) = 0.04$，$P(D|C) = 0.02$

(2) 要求 $P(A|D) = \dfrac{P(A \cap D)}{P(D)}$，$P(B|D)$ 和 $P(C|D)$ 之值，

(3) 先求 $P(D) = P(D|A) \cdot P(A) + P(D|B) \cdot P(B)$

$\qquad\qquad + P(D|C) \cdot P(C)$

$= 0.05 \times 0.25 + 0.04 \times 0.35 + 0.02 \times 0.40$

$= 0.0345$

(4) $P(A \mid D) = \dfrac{P(A) \cdot P(D \mid A)}{P(D)} = \dfrac{0.25 \times 0.05}{0.0345} = 0.362$

$P(B \mid D) = \dfrac{P(B) \cdot P(D \mid B)}{P(D)} = \dfrac{0.35 \times 0.04}{0.0345} = 0.406$

$P(C \mid D) = \dfrac{P(C) \cdot P(D \mid C)}{P(D)} = \dfrac{0.40 \times 0.02}{0.0345} = 0.232$

例 54　若城市人口中男性佔 40%，女性佔 60%，而男性中有 50% 會開車，女性有 30% 會開車，求一開車者為男性的機率。

解　(1) 令 M 為男性，F 為女性，S 表會開車的人
$\Rightarrow P(M) = 0.4$，$P(F) = 0.6$，$P(S \mid M) = 0.5$，
$P(S \mid F) = 0.3$，

(2) 要求 $P(M \mid S) = \dfrac{P(M \cap S)}{P(S)}$ 之值

(3) 先求 $P(S) = P(S \mid M) \cdot P(M) + P(S \mid F) \cdot P(F)$
$= 0.5 \times 0.4 + 0.3 \times 0.6 = 0.38$

(4) $P(S \mid M) = \dfrac{P(S \cap M)}{P(M)}$
$\Rightarrow P(S \cap M) = P(S \mid M) \cdot P(M) = 0.5 \cdot 0.4 = 0.2$

(5) 所以 $P(M \mid S) = \dfrac{P(M \cap S)}{P(S)} = \dfrac{0.2}{0.38} = \dfrac{10}{19}$

23. 〔二獨立、互斥事件〕事件 A, B 為樣本空間 S 的二事件，
(1) 若 $P(A \cap B) = P(A) \cdot P(B)$，則 A, B 稱為「二獨立事件」
（獨立事件是事件 A, B 為二互不相干的事件，例如：事件 A 為投擲骰子，事件 B 為抽撲克牌）；

(2)若 $P(A \cap B) = 0$，則 A, B 稱爲「二互斥事件」（互斥事件是事件 A 發生，事件 B 就不會發生，例如：事件 A 是男生，事件 B 是女生）。

例 55　設 A, B 爲二獨立事件，A 發生機率爲 0.4，A 或 B 發生機率爲 0.6，求 B 發生機率？

解　因 A, B 爲獨立事件 $\Rightarrow P(A \cap B) = P(A) \cdot P(B)$

$P(A \cup B) = P(A) + P(B) - P(A \cap B)$

$\Rightarrow 0.6 = 0.4 + P(B) - 0.4 \times P(B) \Rightarrow P(B) = \dfrac{1}{3}$

例 56　A, B 爲二實驗事件，且 $P(A) = 0.4$，$P(A \cup B) = 0.7$，問 (1) 若 A, B 爲互斥，則 $P(B)$ 爲何？(2) 若 A, B 爲獨立事件，則 $P(B)$ 爲何？

解　(1) 若 A, B 爲互斥 $\Rightarrow A \cap B = \Phi \Rightarrow P(A \cap B) = 0$

　　　$P(A \cup B) = P(A) + P(B) - P(A \cap B)$

　　　$\Rightarrow 0.7 = 0.4 + P(B) + 0 \Rightarrow P(B) = 0.3$

　　(2) 若 A, B 爲獨立事件 $\Rightarrow P(A \cap B) = P(A) \cdot P(B)$

　　　$P(A \cup B) = P(A) + P(B) - P(A \cap B)$

　　　$\Rightarrow 0.7 = 0.4 + P(B) - 0.4 \cdot P(B) \Rightarrow P(B) = 0.5$

例 57　同時投擲一骰子，和抽取一張撲克牌（有 52 張），此二者爲獨立，問 (1) 骰子爲偶數且撲克牌爲黑桃的機率，(2) 骰子爲偶數或撲克牌爲黑桃的機率。

解 (1) 令骰子為偶數的事件為 A，則 $P(A) = \dfrac{3}{6} = \dfrac{1}{2}$，

令撲克牌為黑桃的事件為 B，則 $P(B) = \dfrac{13}{52} = \dfrac{1}{4}$，

因二者為獨立 $\Rightarrow P(A \cap B) = P(A) \cdot P(B) = \dfrac{1}{2} \cdot \dfrac{1}{4} = \dfrac{1}{8}$

(2) $P(A \cup B) = P(A) + P(B) - P(A \cap B) = \dfrac{1}{2} + \dfrac{1}{4} - \dfrac{1}{8} = \dfrac{5}{8}$

例 58 用電腦傳遞一 n 位數字，若每位數字傳錯的機率是獨立且為 p，求此 n 位數字傳錯的機率為何？

解 每位數字傳對的機率為 $(1-p)$，有 $n$ 位數字，所以
(1) 傳對的機率為 $(1-p)^n$，
(2) 傳錯的機率＝1－傳對的機率 $= 1 - (1-p)^n$.

例 59 投擲骰子 5 次，求至少出現一次「1」的機率為何？

解 都沒有出現 1 的機率為 $(1 - \dfrac{1}{6})^5 = (\dfrac{5}{6})^5$

$\Rightarrow$ 至少出現一次 1 的機率 $= 1 - (\dfrac{5}{6})^5$

例 60 二人各擲三個銅板，求此二人出現同樣正反面的機率？

解 投擲三個銅板，共有 $2^3 = 8$ 種情形，其正反面組合有：
(1)「正正正」機率 $\dfrac{1}{8}$，(2)「正正反」機率 $\dfrac{3}{8}$，(3)「正反反」機率 $\dfrac{3}{8}$，(4)「反反反」機率 $\dfrac{1}{8}$，所以出現相同組合的機率為 $\dfrac{1}{8} \times \dfrac{1}{8} + \dfrac{3}{8} \times \dfrac{3}{8} + \dfrac{3}{8} \times \dfrac{3}{8} + \dfrac{1}{8} \times \dfrac{1}{8} = \dfrac{5}{16}$

例 61 某工廠製作個人電腦，其中鍵盤有瑕疵的機率是 0.1，螢幕有瑕疵的機率是 0.05，求下列條件的機率：(1) 一部電腦的此二物品均有瑕疵，(2) 至少有一件有瑕疵，(3) 只有一件物品有瑕疵？

解 (1) 令事件 A 為鍵盤有瑕疵，事件 B 為螢幕有瑕疵

$$P(A \cap B) = P(A) \cdot P(B) = 0.1 \times 0.05 = 0.005$$

(2) $P(A \cup B) = P(A) + P(B) - P(A \cap B)$
$$= 0.1 + 0.05 - 0.005 = 0.145$$

(3) $P(A \cup B) - P(A \cap B) = 0.145 - 0.005 = 0.14$

另解 $P(A \cap \overline{B}) + P(\overline{A} \cap B) = P(A)P(\overline{B}) + P(\overline{A})P(B) = 0.14$

## 練習題

1. 我國自用小汽車的牌照號碼，前兩位為大寫英文字母，後四位為數字，例如 $AB - 0950$。若最後一位數字不用 4，且後四位數字沒有 0000 這個號碼，那麼我國可能有的自用小汽車牌照號碼有多少個？

答 $26 \times 26 \times (9000 - 1)$

2. 已知二多項式

$$P(x) = 1 + 2x + 3x^2 + \cdots + 10x^9 + 11x^{10} = \sum_{i=0}^{10} (i+1)x^i,$$

與 $Q(x) = 1 + 3x^2 + 5x^4 + 7x^6 + 9x^8 + 11x^{10} = \sum_{i=0}^{5} (2i+1)x^{2i}$。

則 $P(x)$ 和 $Q(x)$ 的乘積中，$x^9$ 的係數為何？

答 110

3. 在三位數中，百位數與個位數之差的絕對值為 2 的數，共有幾個？

答 150

4. 某公司有甲、乙、丙三條生產線，現欲生產三萬個產品，如果甲、乙、丙三條生產線同時開動，則需 10 小時；如果只開動乙、丙兩條生產線，則需 15 小時；如果只開動甲生產線 15 小時，則需再開動丙生產線 30 小時，才能完成所有產品。問如果只開動乙生產線，則需幾小時才能生產三萬個產品？

答 20

5. 籃球 3 人鬥牛賽，共有甲、乙、丙、丁、戊、己、庚、辛、壬 9 人參加，組成 3 隊，且甲、乙兩人不在同一隊的組隊方法有多少種？

答 210

6. 某地共有 9 個電視頻道，將其分配給 3 個新聞台、4 個綜藝台及 2 個體育台共三種類型。若同類型電視台的頻道要相鄰，而且前兩個頻道保留給體育台，則頻道的分配方式共有幾種？

答 576

7. 某公司生產多種款式的公仔，各種款式只是球帽、球衣或球鞋顏色不同。其中球帽共有黑、灰、紅、藍四種顏色，球衣有白、綠、藍三種顏色，而球鞋有黑、白、灰三種顏色。公司決定紅色的球帽不搭配灰色的鞋子，而白色的球衣則必須搭配藍色的帽子，至於其他顏色間的搭配就沒有限制。在這些配色的要求之下，最多可有幾種不同款式的公仔？

答 25

8. 某地區的車牌號碼共六碼，其中前兩碼為 O 以外的英文大寫字母，後四碼為 0 到 9 的阿拉伯數字，但規定不能連續出現三個 4。例如：AA1234, AB4434 為可出現的車牌號碼；而 AO1234, AB3444 為不可出現的車牌號碼。則所有第一碼為 A 且最後一碼為 4 的車牌號碼個數有幾個？

答 $25 \times 990$

9. 同時擲兩枚均勻的硬幣，連續擲兩次，問至少有一次出現一正面一反面的機率為多少？

答 $\dfrac{3}{4}$

10. 某品牌之燈泡由 $A$ 廠及 $B$ 廠各生產 30% 及 70%。$A$ 廠生產的產品中有 1% 瑕疵品；$B$ 廠生產的產品中有 5% 瑕疵品。某日退貨部門回收一件瑕疵品，則此瑕疵品由 $A$ 廠製造的機率為何？

答 3/38

11. 某人上班有甲、乙兩條路線可供選擇。早上定時從家裡出發，走甲路線有 $\dfrac{1}{10}$ 的機率會遲到，走乙路線則有 $\dfrac{1}{5}$ 的機率會遲到。無論走哪一條路線，只要不遲到，下次就走同一條路線，否則就換另一條路線。假設他第一天走甲路線，則第三天也走甲路線的機率為何？

答 $\dfrac{83}{100}$

12. 擲 3 粒公正骰子，問恰好有兩粒點數相同的機率為何？

答 $\dfrac{90}{6^3}$

13. 交通規則測驗時，答對有兩種可能，一種是會做而答對，一種是不會做但猜對。已知小華練習交通規則筆試測驗，會做的機率是 0.8。現有一題 5 選 1 的交通規則選擇題，設小華會做就答對，不會做就亂猜。已知此題小華答對，試問在此條件之下，此題小華是因會做而答對（不是亂猜）的機率是多少？

答 $\dfrac{20}{21}$

14. 調查某新興工業都市的市民對市長施政的滿意情況，依據隨機抽樣，共抽樣男性 600 人、女性 400 人，由甲、乙兩組人分別調查男性與女性市民。調查結果男性中有 36% 滿意市長的施政，女性市民中有 46% 滿意市長的施政，則滿意市長施政的樣本佔全體樣本的百分比為何

答 40%

15. 從 1, 2, 3, 4, 5, 6, 7, 8, 9 中，任取兩相異數，則其積為完全立方數的機率為何？

答 $\dfrac{1}{12}$

16.根據過去紀錄知，某電腦工廠檢驗其產品的過程中，將良品檢驗為不良品的機率為 0.20，將不良品檢驗為良品的機率為 0.16。又知該產品中，不良品佔 5%，良品佔 95%。若一件產品被檢驗為良品，但該產品實際上為不良品之機率為何？（小數點後第三位四捨五入）

答 0.01

17.小明在提款時忘了帳號密碼，但他還記得密碼的四位數字中，有兩個 3, 一個 8, 一個 9，於是他就用這四個數字隨意排成一個四位數輸入提款機嘗試。請問他只試一次就成功的機率有多少？

答 $\dfrac{1}{12}$

18.有一正四面體的公正骰子，四面點數分別為 1, 2, 3, 4。將骰子丟三次，底面的點數分別為 $a, b, c$，則這三個數可作為三角形三邊長的機率為何？

答 $\dfrac{17}{32}$

19.高三甲班共有 20 位男生、15 位女生，需推派 3 位同學參加某項全校性活動。班會中大家決定用抽籤的方式決定參加人選。若每個人中籤的機率相等，則推派的三位同學中有男也有女的機率為何？

答 $\dfrac{90}{119}$

20.坐標空間中，在六個平面 $x=\dfrac{14}{13}$，$x=\dfrac{1}{13}$，$y=1$，$y=-1$，

$z=-1$ 及 $z=-4$ 所圍成的長方體上隨機選取兩個相異頂點。若每個頂點被選取的機率相同，則選到兩個頂點的距離大於 3 之機率為何？

答 $\dfrac{3}{7}$

# 第 **2** 章　離散隨機變數

## 2.1　離散型隨機變數與其機率質量函數

1. 【離散數與連續數】離散數與連續數的區別是：

   (1) 離散數（discrete）是二數之間可能沒有其他數存在，例如：整數，1 和 2 中間就沒有其他整數存在；又如：人口，10 人和 11 人中間就沒有其他值存在。

   (2) 連續數（continuous）是二數中間一定有其他數值存在，例如：實數，1 和 2 中間有 1.5；1 和 1.5 中間有 1.2 等；又如：車子到站時間，任何二部車子到站時間，中間還是存在其他的時間車子可到站。

   本章將介紹離散數的機率相關內容，下一章再介紹連續數。

---

例 1　下列何者為離散數？何者為連續數？

(1) 人的身高，(2) 水的重量，(3) 存款簿的錢，(4) 學生人數，(5) 車輛數，(6) 聲音的頻率，(7) 光線的波長

解　離散數：(3)、(4)、(5)

連續數：(1)、(2)、(6)、(7)

---

2. 【隨機變數】

   (1) 在隨機試驗中，若我們所要討論的主題（樣本空間內的每一點）指定一個數值給它，則這個主題稱為隨機變數（random variables），其之所以稱為變數是因為主題的值會有不同。

(2) 我們通常以大寫的英文字母（如：X 或 Y）來表示隨
　　 機變數，而以小寫的英文字母來表示此隨機變數的可
　　 能值。

(3) 例如：投擲 2 個骰子，我們要討論的主題是此 2 個骰
　　 子出現的點數和，若我們以 X 代表此 2 個骰子出現的
　　 點數和，則 X 爲一隨機變數，X 的可能值爲 2, 3, 4, …,
　　 12。其樣本空間爲 {2, 3, 4, …, 12}。

　　 又如：投擲 1 個銅板 3 次，我們要討論的主題是此銅
　　 板出現正面的次數，若我們以 Y 代表出現正面的次
　　 數，則 Y 爲一隨機變數，Y 的可能值爲 0, 1, 2 或 3。

(4) 隨機變數的個數可能是有限個，也可能是無窮多個。

3. 【離散型隨機變數】在隨機試驗中，若我們所討論的隨
　 機變數是離散數，稱爲離散隨機變數（discrete random
　 variable）。如上面的 2 個例子的隨機變數 X 和 Y 均爲離
　 散隨機變數。若我們所討論的隨機變數是連續數，稱爲
　 連續隨機變數（continuous random variable）。

4. 【離散隨機變數的機率質量函數】

　(1) 在做隨機試驗時，每個離散隨機變數的值，都會有一
　　　 個出現的機率，這些機率值的函數稱爲此隨機變數的
　　　 機率質量函數（probability mass function，簡稱 pmf）。

　(2) 隨機變數 $X=a$ 的機率值可表示成 $P(X=a)$ 或 $p(a)$。

　(3) 例如：投擲 1 個銅板 3 次，隨機變數 X 是此銅板出現
　　　 正面的次數，其機率質量函數值爲：

$$P(X = 0) = p(0) = \left(\frac{1}{2}\right)^3 = \frac{1}{8}$$

（表示此銅板出現正面次數爲 0 次的機率是 $\frac{1}{8}$）

$$P(X = 1) = p(1) = C(3,1)\left(\frac{1}{2}\right)^3 = \frac{3}{8}$$

（表示此銅板出現正面次數爲 1 次的機率是 $\frac{3}{8}$）

$$P(X = 2) = p(2) = C(3,2)\left(\frac{1}{2}\right)^3 = \frac{3}{8}$$

$$P(X = 3) = p(3) = \left(\frac{1}{2}\right)^3 = \frac{1}{8}$$

5. 【機率圖】

(1) 若將機率質量函數值繪製成圖，此圖稱爲機率圖（probability graph）。離散隨機變數的機率圖爲一長條圖，如上例（投擲銅板 3 次）的機率圖爲：

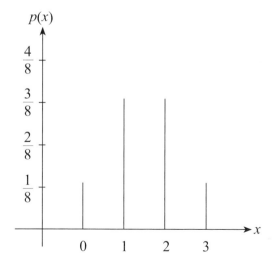

(2)離散隨機變數的機率圖只有在 $X = a$ 處才有機率值，
其餘的地方機率值為 0，有時也畫成：

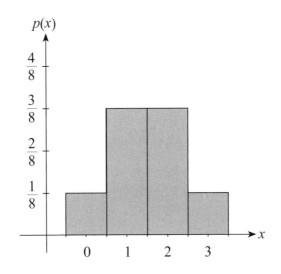

6.【機率質量函數的性質】若隨機變數 X 所有可能的值為
$x_1, x_2, \cdots, x_n$，則其機率質量函數有下列的性質：

(1)對每一個 $x_i$，均有 $0 \le p(x_i) \le 1$；（每個機率質量函數值
介於 0 和 1 之間）

(2)$\displaystyle\sum_{i=1}^{n} p(x_i) = 1$。（所有機率質量函數值的和為 1）

7.【隨機變數的函數】令 X 為一隨機變數，則 $Y = g(X)$ 亦為
一隨機變數，其機率質量函數為：

$$P(Y) = \sum_{\{x \mid g(x) = y\}} P(X = x)$$

即 $Y = y$ 的機率質量函數是將所有滿足 $g(x_i) = y$ 的 $x_i$ 的
$p(x_i)$ 值相加起來。

例 2 有 10 張撲克牌，1 點的有 4 張，2 點的有 3 張，3 點的有 2 張，4 點的有 1 張，隨機變數 X 代表出現的點數，求隨機變數 X 的機率質量函數？

解 總共有 10 張，

$P(X=1) = p(1) = \dfrac{4}{10}$ （1 點的有 4 張）

$P(X=2) = p(2) = \dfrac{3}{10}$ （2 點的有 3 張）

$P(X=3) = p(3) = \dfrac{2}{10}$ （3 點的有 2 張）

$P(X=4) = p(4) = \dfrac{1}{10}$ （4 點的有 1 張）

註：$\displaystyle\sum_{i=1}^{n} p(x_i) = \dfrac{4}{10} + \dfrac{3}{10} + \dfrac{2}{10} + \dfrac{1}{10} = 1$

（所有機率質量函數值的和為 1）

例 3 (1) 投擲一個 10 元硬幣 2 次，求其出現正面或反面的樣品空間？

(2) 若隨機變數 X 代表出現正面的次數，則樣品空間與 X 值關係為何？

(3) 隨機變數 X 的機率質量函數為何？

(4) 繪出其機率圖。

解 (1) 其樣品空間為 { 正正，正反，反正，反反 }

(2) 樣品空間為「正正」，表 X = 2；

樣品空間為「正反」或「反正」，表 X = 1；

樣品空間為「反反」，表 X = 0

(3) $P(X=2)=\dfrac{1}{4}$，$P(X=1)=\dfrac{1}{4}+\dfrac{1}{4}=\dfrac{1}{2}$，$P(X=0)=\dfrac{1}{4}$，

(4) 機率圖如下：

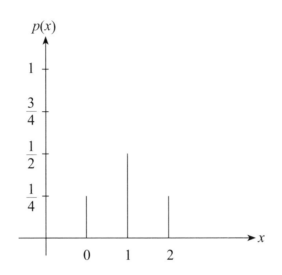

例 4　假設生男孩和生女孩的機率相同，若隨機變數 X 代表
　　　生男孩的數量，則

　　　(1) 生 4 個小孩的機率質量函數為何？

　　　(2) 將 (1) 的分布繪製成機率圖。

解　(1) 因生男孩和生女孩的機率相同，

　　　　　所以生男孩的機率 $=\dfrac{1}{2}$，生女孩的機率也 $=\dfrac{1}{2}$

　　　　　令隨機變數 X 為生男孩的個數，則

$$P(X=x)=p(x)=C(4,x)\left(\frac{1}{2}\right)^{x}\left(\frac{1}{2}\right)^{4-x}$$

　　　(2) $p(0)=\dfrac{1}{16}$；$p(1)=\dfrac{1}{4}$；$p(2)=\dfrac{3}{8}$；$p(3)=\dfrac{1}{4}$；$p(4)=\dfrac{1}{16}$

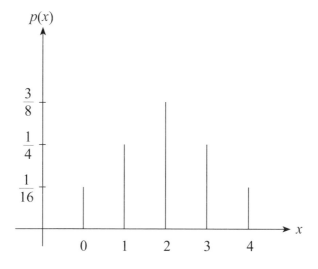

8. 【累積分布函數】

(1) 設離散隨機變數 $X$ 的機率質量函數為 $p(x)$，若函數 $F(x)$ 定義為

$$F(x) = P(X \le x) = \sum_{u \le x} p(u) , \quad -\infty < x < \infty$$

（即從隨機變數 X 最小值的機率值累加到 $X = x$ 的機率值）

稱為累積分布函數（cumulative distribution function，簡稱 c d f），或簡稱為分布函數（distribution function）。

(2) 離散隨機變數 X 的累積分布函數有下列的特性：

(a) $\lim_{x \to -\infty} F(x) = 0$（$x$ 為負無窮大時，其累積分布函數值為 0）

(b)$\lim_{x \to \infty} F(x) = 1$（$x$ 為正無窮大時，其累積分布函數值

為 1）

(c) $\lim_{x \to a+} F(x) = F(a)$ [$F(x)$ 是右連續性 ]

(d)若 $a \leq b$，則 $F(a) \leq F(b)$ [$F(x)$ 是遞增性 ]

(e)$X$ 之值在區間 $(a, b]$ 之內的機率為：

$$P(a < x \leq b) = F(b) - F(a)$$

$X$ 之值在區間 $[a, b]$ 之內的機率為：

$$P(a \leq x \leq b) = F(b) - F(a-)$$

$X$ 之值在區間 $(a, b)$ 之內的機率為：

$$P(a < x < b) = F(b-) - F(a-)$$

（註：$a-$ 是比 $a$ 小一點點的數，對於離散數而言，

$a-$ 是數線上 $a$ 的左邊那個數。）

(3)若隨機變數 X 從小到大的值分別為 $x_1, x_2, \cdots, x_n$，則其

累積分布函數為

$$F(x) = \begin{cases} 0 & , -\infty < x < x_1 \\ p(x_1) & , x_1 \leq x < x_2 \\ p(x_1) + p(x_2) & , x_2 \leq x < x_3 \\ \quad \vdots & \quad \vdots \\ p(x_1) + \cdots + p(x_n) & , x_n \leq x < \infty \end{cases}$$

註：$p(X = x_i) = p(x_i) = F(x_i) - F(x_{i-1})$

(4)離散隨機變數的累積分布函數為一階梯函數（step function）。如第 (3) 點的累積分布函數圖如下（橫線包含的最左邊的點，但不包含最右邊的點）

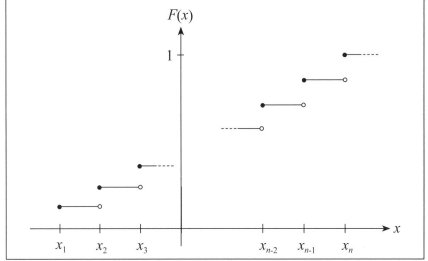

例 5 投擲二個公正的骰子，若隨機變數 $X$ 代表出現的點數，則

(1) 隨機變數 $X$ 的機率質量函數為何？

(2) 求出其累積分布函數 $F(x)$？

解 (1) 若以（a,b）表示二個骰子分別出現的點數，則其出現點數為

| (1,1) | (1,2) | (1,3) | (1,4) | (1,5) | (1,6) |
| (2,1) | (2,2) | (2,3) | (2,4) | (2,5) | (2,6) |
| (3,1) | (3,2) | (3,3) | (3,4) | (3,5) | (3,6) |
| (4,1) | (4,2) | (4,3) | (4,4) | (4,5) | (4,6) |
| (5,1) | (5,2) | (5,3) | (5,4) | (5,5) | (5,6) |
| (6,1) | (6,2) | (6,3) | (6,4) | (6,5) | (6,6) |

共 36 種。

令隨機變數 $X = a + b$，則 $X$ 的機率質量函數如下：

| $x$ | 2 | 3 | 4 | 5 | 6 | 7 | 8 | 9 | 10 | 11 | 12 |
|------|------|------|------|------|------|------|------|------|------|------|------|
| $f(x)$ | $\dfrac{1}{36}$ | $\dfrac{2}{36}$ | $\dfrac{3}{36}$ | $\dfrac{4}{36}$ | $\dfrac{5}{36}$ | $\dfrac{6}{36}$ | $\dfrac{5}{36}$ | $\dfrac{4}{36}$ | $\dfrac{3}{36}$ | $\dfrac{2}{36}$ | $\dfrac{1}{36}$ |

(2) 累積分布函數 $F(x) = P(X \le x) = \sum\limits_{u \le x} p(u)$，即

$$F(x) = \begin{cases} 0, & -\infty < x < 2 \\ 1/36, & 2 \le x < 3 \\ 3/36, & 3 \le x < 4 \\ 6/36, & 4 \le x < 5 \\ 10/36, & 5 \le x < 6 \\ 15/36, & 6 \le x < 7 \\ 21/36, & 7 \le x < 8 \\ 26/36, & 8 \le x < 9 \\ 30/36, & 9 \le x < 10 \\ 33/36, & 10 \le x < 11 \\ 35/36, & 11 \le x < 12 \\ 1, & 12 \le x < \infty \end{cases}$$

註：$f(2) = F(2) - F(1) = \dfrac{1}{36} - 0 = \dfrac{1}{36}$

$f(3) = F(3) - F(2) = \dfrac{3}{36} - \dfrac{1}{36} = \dfrac{2}{36}$

$f(4) = F(4) - F(3) = \dfrac{6}{36} - \dfrac{3}{36} = \dfrac{3}{36}$ 等

## 2.2 期望值與變異數

9.【期望值】

(1) 設 $X$ 為一離散隨機變數，其值為 $x_1, x_2, \cdots, x_m$，且其機率質量函數為 $P(X=x_i)=p(x_i)$，則 $X$ 的期望值（expected value）以 $E(X)$ 表示，其定義為：試驗中每次可能的結果乘以其結果機率的總和，即

$$E(X) = x_1 p(x_1) + x_2 p(x_2) + \cdots + x_n p(x_n) = \sum_{i=1}^{n} x_i p(x_i)$$

(2) 隨機變數 $X$ 的期望值有時也表示成 $\mu_X$。

（註：若只有一個隨機變數 $X$，因不會混淆，我們經常會把 $\mu_X$ 寫成 $\mu$）

(3) 隨機變數 $X$ 的期望值 $E(X)$ 也叫做 $X$ 的平均數（mean）或第一階動差（the first moment，見第 2.3 節說明）

(4) 隨機變數 $X$ 的期望值不一定是 $x_1, x_2, \cdots, x_n$ 中的一個值

(5) 特例：若每個機率值均相同，即

$$p(x_1) = p(x_2) = \cdots = p(x_n) = \frac{1}{n}$$

則 $E(X) = \dfrac{x_1 + x_2 + \cdots + x_n}{n}$，此又稱為 $x_1, x_2, \cdots, x_n$ 的算術平均數。

(6) 若 $X$ 為一有單位的隨機變數，如：單位是公分（cm），則期望值的單位也是公分。

例 6 若離散隨機變數 $X$ 的機率質量函數為

$$p(x) = c\left(\frac{1}{2}\right)^x, \; x = 1, 2, 3, \cdots,$$

求 (1) $c$ 之值？(2) 隨機變數 $X$ 的期望值？

解 (1) 因所有機率質量函數值的和為 1

$$\sum_{x=1}^{\infty} p(x) = \sum_{x=1}^{\infty} c\left(\frac{1}{2}\right)^x = c \sum_{x=1}^{\infty} \left(\frac{1}{2}\right)^x = c \cdot \frac{\frac{1}{2}}{1 - \frac{1}{2}} = c$$

因 $\displaystyle\sum_{x=1}^{\infty} p(x) = 1 \Rightarrow c = 1$

(2) 期望值 $E(X) = \displaystyle\sum_{i=1}^{n} x_i p(x_i) = \sum_{x=1}^{\infty} x\left(\frac{1}{2}\right)^x$

$$= 1 \cdot \frac{1}{2} + 2 \cdot \left(\frac{1}{2}\right)^2 + 3 \cdot \left(\frac{1}{2}\right)^3 + \cdots$$

令 $S = 1 \cdot \frac{1}{2} + 2 \cdot \left(\frac{1}{2}\right)^2 + 3 \cdot \left(\frac{1}{2}\right)^3 + \cdots$（乘以 $\frac{1}{2}$）

$$\frac{1}{2}S = 1 \cdot \left(\frac{1}{2}\right)^2 + 2 \cdot \left(\frac{1}{2}\right)^3 + 3 \cdot \left(\frac{1}{2}\right)^4 + \cdots$$

相減 $\Rightarrow \dfrac{1}{2}S = \dfrac{1}{2} + \left(\dfrac{1}{2}\right)^2 + \left(\dfrac{1}{2}\right)^3 + \left(\dfrac{1}{2}\right)^4 + \cdots = \dfrac{\frac{1}{2}}{1 - \frac{1}{2}} = 1$

$\Rightarrow S = 2 \Rightarrow$ 期望值 $E(X) = 2$

例7 百貨公司福袋 1000 個，有 1 個是一萬元獎品，有 2 個是五千元獎品，有 10 個是一千元獎品，有 20 個是五百元獎品，其餘的是一百元獎品，請問此福袋售價至少要多少元，百貨公司才不會賠錢？

做法 此題也就是要求期望值。

解 設隨機變數 X 為所得到的獎金，因有 1000 個福袋，每一個福袋的機率是 1/1000

期望值 $E(X) = \sum_{i=1}^{n} x_i p(x_i)$

$$= [1 \cdot 10000 + 2 \cdot 5000 + 10 \cdot 1000 + 20 \cdot 500$$
$$+ (1000 - 33) \cdot 100]/1000$$
$$= 136700/1000 = 136.7$$

所以每個福袋至少要賣 136.7 元，公司才不會賠錢

例8 設隨機變數 X 的累積機率分布為

$$F(x) = \begin{cases} 0, & x < 0 \\ 1/3, & 0 \le x < 1 \\ 7/12, & 1 \le x < 2 \\ 3/4, & 2 \le x < 3 \\ 1, & 3 \le x \end{cases}$$

求 (1) X 的機率質量函數？(2) X 的期望值 E(X)？

做法 $p(x_i) = F(x_i) - F(x_{i-1})$

解 (1) $p(x) = \begin{cases} 1/3, & x = 0 \ [p(0) = F(0)] \\ 1/4, & x = 1 \ [p(1) = F(1) - F(0)] \\ 1/6, & x = 2 \\ 1/4, & x = 3 \\ 0, & \text{其他地方} \end{cases}$

(2) 期望值 $E(X) = \sum_{x=-\infty}^{\infty} x \cdot p(x) = 0 \cdot \frac{1}{3} + 1 \cdot \frac{1}{4} + 2 \cdot \frac{1}{6} + 3 \cdot \frac{1}{4} = \frac{4}{3}$

---

10.【期望值的性質】設 $X$、$Y$、$Z$ 爲三隨機變數，$a, b \in R$ 且
$Y = aX + b$，則

(1) $E(Y) = aE(X) + b$；

(2) 若 $b = 0$，則 $E(aX) = aE(X)$；

(3) 若 $a = 0$，則 $E(b) = b$（常數的期望值是它自己）

(4) $E(Y \pm Z) = E(Y) \pm E(Z)$

---

例 9  重做例 7，若 (1) $Y = 3X + 4$，求 $E(Y) = $？(2) 若 $Z = 5$，求
$E(Z) = $？

解  (1) $E(Y) = 3E(X) + 4 = 3 \times 136.7 + 4 = 414.1$

(2) $E(Z) = E(5) = 5$

例 10  試證：若 $Y = aX + b$，則 $E(Y) = aE(X) + b$

證明  $E(Y) = E(aX + b) = \sum_{i=1}^{n} (ax_i + b)p(x_i) = \sum_{i=1}^{n} ax_i p(x_i) + \sum_{i=1}^{n} bp(x_i)$

$= a \sum_{i=1}^{n} x_i p(x_i) + b \sum_{i=1}^{n} p(x_i) = aE(X) + b$

---

11.【函數的隨機變數與期望值】

(1) 令 X 爲一離散隨機變數，其值爲 $x_1, x_2, \cdots, x_n$，且其機
率質量函數爲 $P(X = x_i) = p(x_i)$，若 $Y = g(X)$，則 $Y$ 的期
望值以 $E(Y)$ 表示，其值爲：

$$E(Y) = E[g(X)] = g(x_1)p(x_1) + g(x_2)p(x_2) + \cdots + g(x_n)p(x_n)$$

$$= \sum_{i=1}^{n} g(x_i)p(x_i) = \sum g(x)p(x)$$

(2) $E[g(x) \pm h(x)] = E[g(x)] \pm E[h(x)]$

例 11　重做例 7，若 $Y = X^2 + 1$，求 $E(Y) = ?$

解　$E(Y) = \sum_{i=1}^{4} (x_i^2 + 1)p(x_i)$

$= [(10000^2 + 1) \times 1 + (5000^2 + 1) \times 2 + (1000^2 + 1) \times 10$

$+ (500^2 + 1) \times 20 + (100^2 + 1) \times (1000 - 33)]/1000$

$= 174671$

另解　$E(Y) = E(X^2 + 1) = E(X^2) + 1$

$= [10000^2 \times 1 + 5000^2 \times 2 + 1000^2 \times 10$

$+ 500^2 \times 20 + 100^2 \times (1000 - 33)]/1000 + 1$

$= 174671$

12.【變異數】

(1) 設 $X$ 為一隨機變數，其機率質量函數為 $p(x)$，期望值為 $E(X) = \mu$，則 $X$ 的變異數（variance）以 Var(X) 表示。

(2) 變異數是描述隨機變數的資料的離散程度，也就是該隨機變數資料離其期望值的距離。其定義為：

$$Var(X) = E[(X - \mu)^2]$$

(3) 設 $X$ 的值為 $x_1$, $x_2$, $\cdots$, $x_n$，且其機率質量函數為 $P(X=x_i)=p(x_i)$，則其變異數為：

$$Var(X) = E[(X-\mu)^2] = \sum_{i=1}^{n}(x_i - \mu)^2 p(x_i)$$

(4) 變異數是一個大於等於零的數；

(5) 若 $X$ 為一有單位的隨機變數，如：單位是公分（cm），則變異數的單位為（公分）$^2$ 或 cm$^2$。

13.【標準差】

(1) 變異數開平方根即為標準差（standard deviation，又稱均方差，縮寫 SD），以數學符號 $\sigma$（sigma）表示之，在機率統計中最常用來測量一組數值的離散程度。即

$$\sigma_X = \sqrt{Var(X)} = \sqrt{E[(X-\mu)^2]}$$

$$或 \; \sigma_X^2 = Var(X)$$

（註：若只有一個隨機變數 $X$，因不會混淆，我們經常會把 $\sigma_X$ 寫成 $\sigma$）

(2) 和變異數一樣，標準差反映個體間的離散程度；

(3) 標準差為一非負數值；

(4) 若 X 為一有單位的隨機變數，如：單位是公分，則標準差的單位也是公分。

(5) 因標準差的單位和期望值相同，所以在某些應用上，會說「期望值附近 3 個標準差內」，表示其介於 $\mu-3\sigma$ 和 $\mu+3\sigma$ 之間，而不會說「3 個變異數」內，因變異數和期望值的單位不同，不能相加。

14.【**變異數大小之不同**】變異數（或標準差）是量測隨機變
　數所有的值的散開程度，即以期望值為中心的散開程度
　（見下圖）。

(1) 變異數（或標準差）較小，表示資料越集中在期望值
　　附近；（即：
　　表示 $Var(X) = E[(X-\mu)^2]$ 的 $(X-\mu)^2$ 較小，也就是 $X$ 較
　　靠近 $\mu$）

(2) 變異數（或標準差）較大，表示資料分散得比較開來
　　（以期望值為中心）。（即：
　　表示 $Var(X) = E[(X-\mu)^2]$ 的 $(X-\mu)^2$ 較大，也就是 $X$ 較
　　遠離 $\mu$）

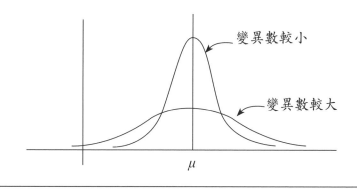

例 12　投擲一公正骰子一次，若出現 1 得 1 元，出現 2 得 2
　　　元，…，出現 6 得 6 元，隨機變數 X 代表得到的錢，
　　　求 (1) 其期望值？(2) 其變異數？(3) 其標準差？

做法　直接用期望值、變異數、標準差的定義來解

解 (1) 每個點數出現的機率均為 1/6

$$期望值 E(X) = \sum_{i=1}^{n} x_i p(x_i)$$

$$= 1 \cdot \frac{1}{6} + 2 \cdot \frac{1}{6} + 3 \cdot \frac{1}{6} + 4 \cdot \frac{1}{6} + 5 \cdot \frac{1}{6} + 6 \cdot \frac{1}{6}$$

$$= \frac{21}{6} = \frac{7}{2} = 3.5$$

註：表示得到的錢的期望值（平均數）為 3.5 元，其單位與隨機變數 $X$ 同

(2) 變異數 $Var(X) = E[(X-\mu)^2] = \sum_{i=1}^{6} (x_i - \mu)^2 p(x_i)$

$$= (1 - \frac{7}{2})^2 \cdot \frac{1}{6} + (2 - \frac{7}{2})^2 \cdot \frac{1}{6} + (3 - \frac{7}{2})^2 \cdot \frac{1}{6} + (4 - \frac{7}{2})^2 \cdot \frac{1}{6}$$

$$+ (5 - \frac{7}{2})^2 \cdot \frac{1}{6} + (6 - \frac{7}{2})^2 \cdot \frac{1}{6}$$

$$= \frac{35}{2} \times \frac{1}{6} = \frac{35}{12}$$

(3) 標準差 $\sigma_X = \sqrt{Var(X)} = \sqrt{\frac{35}{12}}$

---

15.【變異數的性質】設 $X$、$Y$ 為二隨機變數，$a, b \in R$，則

(1) 變異數經由推導，可表示成：

$$Var(X) = E(X^2) - [E(X)]^2 = E(X^2) - \mu^2$$

(2) $Var(X) \geq 0$，當機率質量函數為 $p(x) = \begin{cases} 1, & x = a (a \in R) \\ 0, & 其它地方 \end{cases}$

時，$Var(X) = 0$。（表示隨機變數的所有值，全部在期望值上，沒散開）

(3) 設 $Y = aX + b$，則

(a) $Var(Y) = a^2 Var(X)$ 或 $\sigma_Y = |a|\sigma_X$

（註：因 $\sigma \geq 0$，所以 $a$ 要加絕對值）

(b) 若 $b = 0$，則 $Var(aX) = a^2 Var(X)$ 或 $\sigma_Y = |a|\sigma_X$

(c) 若 $a = 0$，則 $Var(b) = 0$（註：常數的變異數為 0）

(4) $E[(X-a)^2]$ 的最小值發生在 $a = \mu = E(X)$ 處

例 13 以 $Var(X) = E(X^2) - [E(X)]^2$ 公式，重做例 12，求 $Var(X) = ?$

解 由例 12 知，$E(X) = \dfrac{7}{2}$

$$E(X^2) = \sum_{i=1}^{n} x_i^2 p(x_i)$$

$$= 1^2 \cdot \frac{1}{6} + 2^2 \cdot \frac{1}{6} + 3^2 \cdot \frac{1}{6} + 4^2 \cdot \frac{1}{6} + 5^2 \cdot \frac{1}{6} + 6^2 \cdot \frac{1}{6} = \frac{91}{6}$$

$$Var(X) = E(X^2) - [E(X)]^2$$

$$= \frac{91}{6} - \left(\frac{7}{2}\right)^2 = \frac{35}{12} \text{（答案與例 12 同）}$$

例 14 試證 $E[(X-\mu)^2] = E(X^2) - [E(X)]^2$

解 $E[(X-\mu)^2] = E[X^2 - 2\mu X + \mu^2]$（註：$\mu$ 為一常數）

$\qquad = E(X^2) - 2\mu E(X) + \mu^2$

$\qquad = E(X^2) - 2\mu^2 + \mu^2$

$\qquad = E(X^2) - \mu^2$

$\qquad = E(X^2) - [E(X)]^2$

註：因用此方法求變異數會比較容易計算，以後要求
變異數的題目，大多用此方法來做。

例 15 試證 $E[(X-a)^2]$ 的最小值發生在 $a=E(X)=\mu$ 處

解　$E\left[(X-a)^2\right]=E\left[\{(X-\mu)+(\mu-a)\}^2\right]$（註：$a,\mu$ 均為常數）

$$= E\left[(X-\mu)^2+2(X-\mu)(\mu-a)+(\mu-a)^2\right]$$

$$= E\left[(X-\mu)^2\right]+2(\mu-a)E(X-\mu)+(\mu-a)^2$$

$$= E\left[(X-\mu)^2\right]+2(\mu-a)[E(X)-\mu]+(\mu-a)^2$$

$$= E\left[(X-\mu)^2\right]+(\mu-a)^2 \quad（因 E(X)=\mu）$$

因 $(\mu-a)^2 \geq 0$，所以 $E[(X-a)^2]=E[(X-\mu)^2]+(\mu-a)^2$ 的

最小值發生在 $(\mu-a)^2=0$ 或 $a=\mu$ 處

---

16.【標準隨機變數】

(1) 設隨機變數 $X$ 的期望值為 $\mu$，標準差為 $\sigma$（$\sigma>0$），則

標準隨機變數 Z（standard random variable）為：

$$Z = \frac{X-\mu}{\sigma}$$

(2) 標準隨機變數 $Z$ 的重要性質有：

(a) $E(Z)=0$（期望值 = 0）

(b) $Var(Z)=1$（變異數 = 1）

(c) Z 是沒有單位（dimensionless）的量（因 $(x-\mu)$ 除

以 $\sigma$，把單位給除掉了）

例 16 試證：若 $Z=(X-\mu)/\sigma$，則 $E(Z)=0$，$Var(Z)=1$

解 $E(Z) = E\left(\dfrac{X-\mu}{\sigma}\right) = \dfrac{1}{\sigma}E(X-\mu) = \dfrac{1}{\sigma}\big[E(X)-\mu\big] = 0$

（因 $E(X)=\mu$）

$Var(Z) = Var\left(\dfrac{X-\mu}{\sigma}\right) = \dfrac{1}{\sigma^2}E\big[(X-\mu)^2\big] = \dfrac{\sigma^2}{\sigma^2} = 1$

## 2.3　動差、動差母函數與特徵函數

17.【動差】

(1) 設 $X$ 為一離散隨機變數，其機率質量函數為 $p(x)$ 且 $c \in R$，則其相對於 $c$ 值的第 $r$ 階動差（r-th moment）定義為：

$$\mu_r = E[(X - c)^r]，r = 0, 1, 2, \cdots$$

$$= \sum_{i=1}^{n} (x_i - c)^r p(x_i)（離散隨機變數）$$

(2) 若 $c = \mu$，其就是相對於期望值 $\mu$ 的第 $r$ 階動差（又稱為第 $r$ 階中心動差（rth central moment）），其值為：

$$\mu_r = E[(X - \mu)^r]；$$

其前 3 階的中心動差值為：

(a) $\mu_0 = E[(X - \mu)^0] = E(1) = 1$；

(b) $\mu_1 = E[(X - \mu)^1] = E(X) - \mu = 0$；

(c) $\mu_2 = E[(X - \mu)^2] = Var(X) = \sigma_x^2$。

（註：第 2 階中心動差為變異數 $\sigma^2$）

(3) 若 $c = 0$，其就是相對於原點的第 $r$ 階動差，即 $\mu_r' = E[X^r]$（註：$\mu$ 上面多一撇，用以區分中心動差）。其前 3 階動差值為：

(a) $\mu_0' = E(x^0) = E(1) = 1$；

(b) $\mu_1' = E(x^1) = \mu$

(c) $\mu_2' = E(x^2)$

所以 $Var(X) = E(X^2) - E(X)^2 = \mu_2' - (\mu_1')^2$

第一階動差 $\mu_1' = E[X] = \mu$ 也就是期望值。

例 17　設隨機變數 X 的機率質量函數為：

$$X = \begin{cases} 1, & 機率 = 1/2 \\ 2, & 機率 = 1/3 \\ 3, & 機率 = 1/6 \end{cases}$$，求 (1) 相對原點的第 3 階動差？

(2) 相對期望值的第 3 階動差？

解　(1) 相對原點的第 3 階動差為：

$$\mu_3' = E[X^3] = \sum_{i=1}^{3} x_i^3 p(x_i) = 1^3 \cdot \frac{1}{2} + 2^3 \cdot \frac{1}{3} + 3^3 \cdot \frac{1}{6} = \frac{23}{3}$$

(2) 期望值 $\mu = E[X] = \sum_{i=1}^{3} x_i p(x_i) = 1 \cdot \frac{1}{2} + 2 \cdot \frac{1}{3} + 3 \cdot \frac{1}{6} = \frac{5}{3}$

相對期望值的第 3 階動差為：

$$\mu_3 = E[(X-\mu)^3] = \sum_{i=1}^{3} (x_i - \mu)^3 p(x_i)$$

$$= (1 - \frac{5}{3})^3 \cdot \frac{1}{2} + (2 - \frac{5}{3})^3 \cdot \frac{1}{3} + (3 - \frac{5}{3})^3 \cdot \frac{1}{6} = \frac{7}{27}$$

---

18.【動差母函數】

(1) 隨機變數 X 的動差母函數（或稱為動差生成函數，moment generating function，簡稱為 mgf）定義為：

$$M_X(t) = E(e^{tX}) = \sum_{i=1}^{n} e^{tx_i} p(x_i)$$，（離散隨機變數）

(2) 並非所有的隨機變數的動差母函數均存在（可能算不出其值）

(3) 動差母函數 $M_x(t)$ 可以對相對於原點的動差 $\mu_r'$ 展開，其結果為：（證明請參閱例 19）

$$M_x(t) = 1 + \mu t + \mu_2' \frac{t^2}{2!} + \mu_3' \frac{t^3}{3!} + \cdots$$

(4) $M_X(0) = E(e^0) = \sum_{i=1}^{n} e^0 p(x_i) = 1$

(5) 動差母函數唯一決定機率的分布函數，也就是若 $M_x(t)$ 存在，則隨機變數 $X$ 的分布就決定了（請參閱例 36）

註：若只有一個隨機變數 $X$，因不會混淆，我們常將 $M_x(t)$ 寫成 $M(t)$

19.【動差母函數的性質】若隨機變數 $X$ 的動差母函數為 $M_X(t)$，且隨機變數 $Y = aX + b$，其中 $a, b \in R$，則

$$M_Y(t) = M_{aX+b}(t) = e^{bt} M_X(at)$$

例 18　若隨機變數 X 的值為 1 或 −1，它們的機率均為 1/2，求
(1) 其動差母函數 $M_X(t)$；(2) 若 $Y = (3X + 4)/2$，求 $M_Y(t)$

解　(1) $M_X(t) = E(e^{tX}) = \sum_{i=1}^{n} e^{tx_i} p(x_i)$

$$= e^{t \cdot (1)} p(1) + e^{t \cdot (-1)} p(-1) = e^t \cdot \frac{1}{2} + e^{-t} \cdot \frac{1}{2} = \frac{1}{2}(e^t + e^{-t})$$

(2) $Y = (3X + 4)/2 = \frac{3}{2}X + 2$

$$M_Y(t) = M_{aX+b}(t) = e^{bt} M_X(at) \quad (a = \frac{3}{2},\ b = 2)$$

$$= e^{2t} \cdot \frac{1}{2}(e^{3t/2} + e^{-3t/2}) = \frac{1}{2}(e^{7t/2} + e^{t/2})$$

**例 19** 試證：$M_X(t) = 1 + \mu t + \mu_2' \dfrac{t^2}{2!} + \mu_3' \dfrac{t^3}{3!} + \cdots$

**解** $M_X(t) = E(e^{tX})$

$$= E(1 + tX + \frac{t^2}{2!} X^2 + \frac{t^3}{3!} X^3 + \cdots)（註：泰勒展開式）$$

$$= 1 + tE(X) + \frac{t^2}{2!} E(X^2) + \frac{t^3}{3!} E(X^3) + \cdots$$

$$= 1 + \mu t + \mu_2' \frac{t^2}{2!} + \mu_3' \frac{t^3}{3!} + \cdots （註：期望值 \mu = \mu_1'）$$

其中 $\mu_n'$ 為第 $n$ 階動差

**例 20** 試證 (1) $\mu_1' = \mu = \dfrac{dM_X(0)}{dt}$，(2) $Var(X) = \mu_2' - \mu^2$

**證明** $M_X(t) = 1 + \mu t + \mu_2' \dfrac{t^2}{2!} + \mu_3' \dfrac{t^3}{3!} + \cdots$

(1) $M_X'(t) = \mu + 2 \cdot \mu_2' \dfrac{t}{2!} + 3 \cdot \mu_3' \dfrac{t^2}{3!} + \cdots$

$$\Rightarrow \frac{dM_X(t)}{dt} \Big|_{t=0} = \frac{dM_X(0)}{dt} = \mu = E(X)$$

(2) $M_X''(t) = 2 \cdot \mu_2' \dfrac{1}{2!} + 3 \cdot 2 \cdot \mu_3' \dfrac{t}{3!} + \cdots$

$$\Rightarrow \frac{d^2 M_X(t)}{dt^2} \Big|_{t=0} = \frac{d^2 M_X(0)}{dt^2} = \mu_2' = E(X^2)$$

而 $Var(X) = \sigma^2 = E[X^2] - [E(X)]^2$

$$= \frac{d^2 M_X(0)}{dt^2} - \left[ \frac{dM_X(0)}{dt} \right]^2 = \mu_2' - \mu^2$$

註：第 $r$ 階動差為 $\mu_r' = E[X^r]$

20.【特徵函數】

(1) 若將動差母函數的 $t$ 用 $i\omega$ 代入（註：$i$ 是虛數），此函數稱為特徵函數（characteristic function），即

$$\phi_X(\omega) = M_X(i\omega) = E(e^{iwX}) = \sum_{i=1}^{n} e^{iwx_i} p(x_i)$$

（離散隨機變數）

註：若只有一個隨機變數 $X$，因不會混淆，我們常將 $\phi_X(\omega)$ 寫成 $\phi(\omega)$

(2) 所有的隨機變數的特徵函數均存在

21.【特徵函數的性質】若隨機變數 $X$ 的特徵函數為 $\phi_X(t)$，且隨機變數 $Y = aX + b$，其中 $a, b \in R$，則

$$\phi_Y(\omega) = \phi_{aX+b}(\omega) = e^{ib\omega} \phi_X(a\omega)$$

例 21　若隨機變數 X 的值為 1 或 $-1$，它們的機率均為 1/2，

(1) 求其特徵函數？

(2) 隨機變數 $Y = (X+2)/3$，求其特徵函數？

解 (1) $\phi_X(\omega) = M_X(i\omega) = E(e^{iwX}) = \sum_{i=1}^{n} e^{iwx_i} p(x_i)$

$$= e^{i\omega \cdot (1)} p(1) + e^{i\omega \cdot (-1)} p(-1) = e^{i\omega} \cdot \frac{1}{2} + e^{-i\omega} \cdot \frac{1}{2} = \frac{1}{2}(e^{i\omega} + e^{-i\omega})$$

$$= \frac{1}{2}\{[\cos(\omega) + i\sin(\omega)] + [\cos(\omega) - i\sin(\omega)]\} = \cos(\omega)$$

（註：狄摩根定理 $e^{i\omega} = \cos(\omega) + i\sin(\omega)$）

(2) $\phi_Y(\omega) = \phi_{(X+2)/3}(\omega) = e^{2i\omega/3} \phi_X\left(\frac{\omega}{3}\right) = e^{2i\omega/3} \cos\left(\frac{\omega}{3}\right)$

## 2.4 常見的離散型機率分布函數

22.【**常見的離散型機率分布函數**】本章剩下的單元將介紹幾
種常見的離散型機率分布函數，有：
(1) 白努力試驗（Bernoulli trial）與二項式分布（binomial
distribution）
(2) 卜瓦松分布（Poisson distribution）
(3) 幾何分布（geometric distribution）
(4) 超幾何分布（hypergeometric distribution）
(5) 負二項分布（negative binomial distribution）
上面的每個分布都會包含一個到三個參數，此參數值確
定後，該分布的內容也就確定了。

### 2.4.1 白努力試驗與二項式分布

23.【白努力試驗】
(1) 白努力試驗（Bernoulli trial）是只有兩種可能結果的
「單次」隨機試驗，也就是對於一個隨機變數 $X$ 而
言，其結果只有二種互斥的事件，即成功或失敗，其
中成功的機率為 $p$，失敗的機率為 $q(=1-\mathrm{p})$。
(2) 白努力試驗的機率質量函數為
$$p(x) = p^x(1-p)^{1-x} = \begin{cases} p, & \text{當 } x = 1 \\ (1-p), & \text{當 } x = 0 \end{cases}$$
(3) 白努力分布也可表示成 $X \sim Bern(p)$，其中 $p$ 為其參數。

24.【應用】下列三個例子均是白努力試驗：

(1)在投擲一公正硬幣的實驗中，若要求出現正面的試驗，則成功（正面）的機率爲 p＝1/2，失敗（反面）的機率爲 $q=1/2$。

(2)在投擲一公正骰子的實驗中，若要求出現點數 1 的試驗，則成功的機率爲 p＝1/6，失敗的機率爲 q＝5/6。

(3)在四選一的選擇題，猜對的機會 p＝1/4。

25.【期望值、變異數、標準差、動差母函數、特徵函數】

在白努力分布中，其

(1)期望值是 $p$

(2)變異數 $p(1-p)$

(3)標準差是 $\sqrt{p(1-p)}$

(4)動差母函數 $=1-p+pe^t$

(5)特徵函數 $=1-p+pe^{i\omega}$

例 22　試證：白努力分布的期望值爲 $p$ ，變異數爲 $p(1-p)$，動差母函數爲 $=1-p+pe^t$

證明　白努力分布 $p(x)=p^x(1-p)^{1-x}=\begin{cases} p, & 當 x=1 \\ (1-p), & 當 x=0 \end{cases}$

(1) 期望值：$E(X)=\mu=\sum_{i=1}^{n}x_i p(x_i)=0\cdot(1-p)+1\cdot p=p$

(2) $E(X^2)=\sum_{i=1}^{n}x_i^2 p(x_i)=0^2\cdot(1-p)+1^2\cdot p=p$

變異數：$Var(X)=E(X^2)-\left[E(X)\right]^2=p-p^2=p(1-p)$

(3) $M_X(t)=E(e^{tX})=\sum_{i=1}^{n}e^{tx_i}p(x_i)$

$=e^{t\cdot 0}(1-p)+e^{t\cdot 1}\cdot p=1-p+pe^t$

26.【二項式分布】

(1) 一個試驗是由多次獨立且相同分布的白努力試驗組成，例如投擲硬幣十次（多次），此時呈現之結果就是二項式分布（binomial distribution）。

(2) 在白努力試驗中，假設每次成功的機率均為 $p$，失敗的機率為 $q = 1 - p$，若要進行 $n$ 次的隨機試驗，且離散隨機變數 $X$ 表示在這 $n$ 次隨機試驗中成功的次數，則其有 $i$ 次成功的機率質量函數為：

$$p(i) = P(X = i) = C(n,i) p^i q^{n-i} \, , \ i = 0, 1, 2, \cdots, n$$

此機率質量函數稱為二項式分布。

(3) 二項式分布也可表示成 $X \sim b(n, p)$ 或 $X \sim B(n, p)$，其中 $(n, p)$ 為其參數。（註：

(a) 一個分布的參數，是可以決定該分布的機率函數，例如二項式分布的參數 $n = 5, p = 1/3$，則其機率質量函數就決定了，其為：

$$p(i) = P(X = i) = C(5,i)\left(\frac{1}{3}\right)^i \left(\frac{2}{3}\right)^{5-i}$$

(b) 一個分布參數的內容通常是：

(i) 全部試驗次數（此例的 $n$）和

(ii) 其成功的機率（此例的 $p$）或要算出成功機率的相關數值。）

(4) 其之所以叫做二項式分布，是因為它的係數 $C(n, i)$ 和二項式 $(p+q)^n$ 展開的係數同。二項式展開為：

$$(p + q)^n = C(n,0) p^n q^0 + C(n,1) p^{n-1} q + \cdots + C(n,n) p^0 q^n$$

(5) 二項式分布的機率質量函數 $p(i) = P(X = i)$ 可表示成 $f(i, n, p)$，其值也等於 $f(n-i, n, 1-p)$。

　　（註：有 i 次成功，等同有（n-i）次失敗）

(6) 二項式分布 $p(i) = P(X = i) = C(n,i)p^i q^{n-i}$，$i$ 從 0 開始到 $n$ 時，$C(n, i)$ 是單調的遞增後再單調的遞減，$C(n, i)$ 的最大值發生在 $i = \left\lceil \dfrac{n+1}{2} \right\rceil$ 處。

(7) 當 $n = 1$ 時，二項式分布就是白努力分布，也就是 $X \sim b(1, p)$ 和 $X \sim Bern(p)$ 是相同的意思。

27.【應用】

(1) 投擲十元硬幣的 n 次實驗中，出現正面次數有 i 次的機率；

(2) 投擲骰子 n 次的實驗中，出現點數為 1 點的次數有 i 次的機率；

(3) 一個袋子內有多顆紅、白二種不同顏色的球，每次拿出一顆後放回，共做 n 次實驗，出現白球次數有 i 次的機率等，都是屬於此類型的題目。

28.【期望值、變異數、標準差、動差母函數、特徵函數】

二項式分布的：

(1) 做 n 次，其成功的期望值 $E(X) = \mu = np$

(2) 做 n 次，其成功的變異數 $Var(X) = \sigma^2 = npq$

(3) 標準差 $\sigma = \sqrt{npq}$

(4) 動差母函數 $M(t) = (q + pe^t)^n$

(5) 特徵函數 $\phi(\omega) = (q + pe^{i\omega})^n$

29.【二項式分布的累積分布函數】

$$F(x,n,p) = P(X \le x) = \sum_{i=0}^{x} C(n,i) p^i q^{n-i}$$

註：白努力試驗沒有累積分布函數，因它只做 1 次的試驗

例 23 投擲一公正的硬幣 10 次，求其 (1) 出現 2 次正面的機率？(2) 投擲 10 次，出現正面的期望值？(3) 變異數？

做法 正面（成功）的機率為 1/2，背面（失敗）的機率為 1/2，其為二項式分布

解 (1) 出現 2 次正面的機率為：

$$P(X = 2) = C(10,2)\left(\frac{1}{2}\right)^2 \left(\frac{1}{2}\right)^{10-2} = \frac{10!}{2!8!}\left(\frac{1}{2}\right)^{10} = \frac{45}{1024}$$

(2) 投擲 10 次出現正面的期望值 $E(X) = \mu = np = 10 \cdot \frac{1}{2} = 5$

註：表示投擲 10 次，出現正面的期望值（平均數）為 5 次

(3) 投擲 10 次出現正面的變異數

$$Var(X) = \sigma^2 = npq = 10 \cdot \frac{1}{2} \cdot \frac{1}{2} = \frac{5}{2} \ (\text{次}^2)$$

例 24 投擲一公正的硬幣 3 次，求其 (1) 出現 3 次正面的機率？(2) 出現 2 次正面的機率？(3) 出現至少 1 次正面的機率？(4) 出現不超過 1 次正面的機率？

解 方法一：用窮舉法來解

令硬幣出現正面為 H，出現背面為 T，其出現的樣本空間為：{HHH, HHT, HTH, THH, HTT, THT, TTH, TTT}

等 8 個。

(1) 出現 3 次正面的機率 $= P(HHH) = \dfrac{1}{8}$

(2) 出現 2 次正面的機率 $= P(HHT \cup HTH \cup THH) = \dfrac{3}{8}$

(3) 出現至少 1 次正面的機率

　$= P(3 \text{ 次正面}) + P(2 \text{ 次正面}) + P(1 \text{ 次正面})$

　而出現 1 次正面的機率 $= P(HTT \cup THT \cup TTH) = \dfrac{3}{8}$

　所以出現至少 1 次正面的機率 $= \dfrac{1}{8} + \dfrac{3}{8} + \dfrac{3}{8} = \dfrac{7}{8}$

　$\boxed{\text{另解}}$ 出現至少 1 次正面的機率 $= 1 - P(0 \text{ 次正面})$

　　　　$= 1 - P(TTT) = 1 - \dfrac{1}{8} = \dfrac{7}{8}$

(4) 出現不超過 1 次正面的機率

　$= P(0 \text{ 次正面}) + P(1 \text{ 次正面}) = \dfrac{1}{8} + \dfrac{3}{8} = \dfrac{1}{2}$

方法二：用二項式分布來解

(1) 出現 3 次正面的機率 $= C(3,3)\left(\dfrac{1}{2}\right)^{3}\left(\dfrac{1}{2}\right)^{3-3} = \dfrac{1}{8}$

(2) 出現 2 次正面的機率 $= C(3,2)\left(\dfrac{1}{2}\right)^{2}\left(\dfrac{1}{2}\right)^{3-2} = \dfrac{3}{8}$

(3) 出現至少 1 次正面的機率

　$P(X \geq 1) = P(3 \text{ 次正面}) + P(2 \text{ 次正面}) + P(1 \text{ 次正面})$

　$= C(3,3)\left(\dfrac{1}{2}\right)^{3}\left(\dfrac{1}{2}\right)^{3-3} + C(3,2)\left(\dfrac{1}{2}\right)^{2}\left(\dfrac{1}{2}\right)^{3-2} + C(3,1)\left(\dfrac{1}{2}\right)^{1}\left(\dfrac{1}{2}\right)^{3-1}$

　$= \dfrac{7}{8}$

　$\boxed{\text{另解}}$ 出現至少 1 次正面的機率 $P(X \geq 1) = 1 - P(X < 1)$

$$= 1 - P\left(0\text{ 次正面}\right) = 1 - C(3,0)\left(\frac{1}{2}\right)^0\left(\frac{1}{2}\right)^{3-0} = \frac{7}{8}$$

(4) 出現不超過 1 次正面的機率

$$P(X \leq 1) = P\left(0\text{ 次正面}\right) + P\left(1\text{ 次正面}\right) = \frac{1}{8} + \frac{3}{8} = \frac{1}{2}$$

例 25 投擲一公正的骰子 3 次，求其 (1) 出現 1 點 2 次的機率？(2) 出現 1 點至少（含）2 次的機率？(3) 出現 1 點少於 2 次（不含）的機率？(4) 投擲 3 次求出現 1 點的期望值（平均數）？

做法 出現 1 點（成功）的機率為 1/6，沒出現 1 點（失敗）的機率為 5/6，其為二項式分布

解 (1) 出現 1 點 2 次的機率 $= C(3,2)\left(\frac{1}{6}\right)^2\left(\frac{5}{6}\right)^{3-2} = \frac{5}{72}$

(2) 出現 1 點至少（含）2 次的機率

$$P(X \geq 2) = P\left(2\text{ 次}\right) + P\left(3\text{ 次}\right)$$

$$= C(3,2)\left(\frac{1}{6}\right)^2\left(\frac{5}{6}\right)^{3-2} + C(3,3)\left(\frac{1}{6}\right)^3\left(\frac{5}{6}\right)^{3-3} = \frac{2}{27}$$

另解 $P(X \geq 2) = 1 - P(X < 2) = 1 - [P(0\text{次}) + P(1\text{次})]$

(3) 出現 1 點少於 2 次的機率 $P(X < 2) = P(0\text{次}) + P(1\text{次})$

$$= C(3,0)\left(\frac{1}{6}\right)^0\left(\frac{5}{6}\right)^{3-0} + C(3,1)\left(\frac{1}{6}\right)^1\left(\frac{5}{6}\right)^{3-1} = \frac{25}{27}$$

另解 $P(X < 2) = 1 - P(X \geq 2) = 1 - P(2\text{次}) - P(3\text{次})$

(4) 投擲 3 次出現 1 點的期望值 $= np = 3 \cdot \frac{1}{6} = \frac{1}{2}$

註：表示投擲 3 次，出現 1 點的平均次數為 $\dfrac{1}{2}$ 次

另解 令 $X_i$ 表示投擲第 $i$ 次的隨機變數，則

$$E(X_i) = p = \dfrac{1}{6}$$

$$E(X) = \sum_{i=1}^{3} E(X_i) = E(X_1) + E(X_2) + E(X_3) = \dfrac{3}{6} = \dfrac{1}{2}$$

例 26 一個家庭生 5 個小孩，若生男生和生女生的機率相同，求其 (1) 生出 3 男 2 女的機率？(2) 生出至少（含）1 男 1 女的機率？(3) 生出少於 2 男的機率？

做法 生男生（成功）的機率為 1/2，生女生（失敗）的機率為 1/2，其為二項式分布。

解 設隨機變數 X 為生出男孩的個數，則

$$P(X = 0) = C(5,0)\left(\dfrac{1}{2}\right)^0\left(\dfrac{1}{2}\right)^{5-0} = \dfrac{1}{32},$$

$$P(X = 1) = C(5,1)\left(\dfrac{1}{2}\right)^1\left(\dfrac{1}{2}\right)^{5-1} = \dfrac{5}{32}$$

$$P(X = 2) = C(5,2)\left(\dfrac{1}{2}\right)^2\left(\dfrac{1}{2}\right)^{5-2} = \dfrac{5}{16},$$

$$P(X = 3) = C(5,3)\left(\dfrac{1}{2}\right)^3\left(\dfrac{1}{2}\right)^{5-3} = \dfrac{5}{16}$$

$$P(X = 4) = C(5,4)\left(\dfrac{1}{2}\right)^4\left(\dfrac{1}{2}\right)^{5-4} = \dfrac{5}{32},$$

$$P(X = 5) = C(5,5)\left(\dfrac{1}{2}\right)^5\left(\dfrac{1}{2}\right)^{5-5} = \dfrac{1}{32}$$

(1) 生出 3 男 2 女的機率 $P(X=3)=\dfrac{5}{16}$

(2) 生出至少（含）1 男 1 女的機率

$P(X=1)+P(X=2)+P(X=3)+P(X=4)$

$=\dfrac{5}{32}+\dfrac{5}{16}+\dfrac{5}{16}+\dfrac{5}{32}=\dfrac{15}{16}$

[另解] $1-P(X=0)-P(X=5)=1-\dfrac{1}{32}-\dfrac{1}{32}=\dfrac{15}{16}$

(3) 生出少於 2 男的機率

$P(X=0)+P(X=1)=\dfrac{1}{32}+\dfrac{5}{32}=\dfrac{3}{16}$

例 27 在生 3 個小孩的 100 個家庭中，若生男生和生女生的機率相同，求其 (1) 至少生出 1 女的期望值？(2) 剛好生出 2 女的期望值？(3) 生出 1 個或 2 個女生的期望值？

做法 二項式分布的期望值 $E(X)=\mu=np$，所以要先算出機率 $p$

解 設隨機變數 X 為一個家庭生出女生的個數，則

$P(X=0)=C(3,0)\left(\dfrac{1}{2}\right)^{0}\left(\dfrac{1}{2}\right)^{3-0}=\dfrac{1}{8}$

$P(X=1)=C(3,1)\left(\dfrac{1}{2}\right)^{1}\left(\dfrac{1}{2}\right)^{3-1}=\dfrac{3}{8}$

$P(X=2)=C(3,2)\left(\dfrac{1}{2}\right)^{2}\left(\dfrac{1}{2}\right)^{3-2}=\dfrac{3}{8}$

$P(X=3)=C(3,3)\left(\dfrac{1}{2}\right)^{3}\left(\dfrac{1}{2}\right)^{3-3}=\dfrac{1}{8}$

(1) 至少生出 1 女的機率

$$= P(X=1) + P(X=2) + P(X=3) = \frac{3}{8} + \frac{3}{8} + \frac{1}{8} = \frac{7}{8}$$

至少生出 1 女的期望值 $E(X) = np = 100 \cdot \frac{7}{8} = \frac{175}{2}$

也就是 100 個家庭中，至少生出 1 女的平均數為$\frac{175}{2}$個

家庭

(2) 剛好生出 2 女的機率$= P(X=2) = \frac{3}{8}$

剛好生出 2 女的期望值 $E(X) = np = 100 \cdot \frac{3}{8} = \frac{75}{2}$

(3) 生出 1 個女生或 2 個女生的機率

$$P(X=1) + P(X=2) = \frac{3}{8} + \frac{3}{8} = \frac{3}{4}$$

生出 1 個女生或 2 個女生的期望值

$$E(X) = np = 100 \cdot \frac{3}{4} = 75$$

註：二項式分布必須要知道 $n$ 才能算出期望值（$= np$），上

一題不知 $n$ 值，故無法求出期望值。

例 28 在生 1 個小孩的 100 個家庭中，若生男生和生女生的機
率相同，求其生出男生的 (1) 期望值？(2) 變異數？(3)
標準差？(4) 動差母函數？(5) 特徵函數？

解 生出男生的機率 $p = 1/2$，$q = 1/2$，此題的 $n = 100$

(1) 期望值 $E(X) = \mu = np = 100 \cdot \frac{1}{2} = 50$

另解 利用期望值定義解

令 $X_i$ 表示第 $i$ 個家庭生出 1 個小孩的隨機變數，則

$$E(X_i) = \sum x_i p(x_i)$$

$$= 1 \cdot \frac{1}{2} + 0 \cdot \frac{1}{2} = \frac{1}{2}$$

$$E(X) = E(X_1 + X_2 + \cdots + X_{100})$$

$$= \frac{1}{2} + \frac{1}{2} + \cdots + \frac{1}{2}$$

$$= 50$$

(2) 變異數 $Var(X) = \sigma^2 = npq = 100 \cdot \frac{1}{2} \cdot \frac{1}{2} = 25$

(3) 標準差 $\sigma = \sqrt{npq} = \sqrt{25} = 5$

(4) 動差母函數 $M(t) = (q + pe^t)^n = \left( \frac{1}{2} + \frac{e^t}{2} \right)^{100}$

(5) 特徵函數 $\phi(\omega) = (q + pe^{i\omega})^n = \left( \frac{1}{2} + \frac{e^{i\omega}}{2} \right)^{100}$

例 29 一部機器生產出瑕疵品的機率為 10%，則生產 4 件物品產生 (1)0 件瑕疵品的機率？(2)1 件瑕疵品的機率？(3) 少於 2 件瑕疵品的機率？(4) 生產 4 件物品，產生瑕疵品的期望值？(5) 變異數？(6) 動差母函數？(7) 特徵函數？

做法 瑕疵品（成功）的機率為 1/10，非瑕疵品（失敗）的機率為 9/10，其為二項式分布

[解] (1) 0 件瑕疵品的機率

$$P(X=0)=C(4,0)\left(\frac{1}{10}\right)^{0}\left(\frac{9}{10}\right)^{4}=0.6561$$

(2) 1 件瑕疵品的機率

$$P(X=1)=C(4,1)\left(\frac{1}{10}\right)^{1}\left(\frac{9}{10}\right)^{4-1}=0.2916$$

(3) 少於 2 件瑕疵品的機率

$$P(X<2)=P(X=0)+P(X=1)=0.6561+0.2916$$
$$=0.9477$$

(4) 產生瑕疵品的期望值$=np=4\cdot\frac{1}{10}=0.4$

(5) 產生瑕疵品的變異數$=npq=4\cdot\frac{1}{10}\cdot\frac{9}{10}=\frac{9}{25}$

(6) 動差母函數 $M(t)=(q+pe^{t})^{n}=\left(\frac{9}{10}+\frac{e^{t}}{10}\right)^{4}$

(7) 特徵函數 $\phi(\omega)=(q+pe^{i\omega})^{n}=\left(\frac{9}{10}+\frac{e^{i\omega}}{10}\right)^{4}$

例 30　試證：二項式分布的期望值 $\mu=np$

[證明] $E(X)=\sum_{k=0}^{n}k\cdot C(n,k)p^{k}q^{n-k}=\sum_{k=1}^{n}k\cdot\frac{n!}{k!(n-k)!}p^{k}q^{n-k}$

（註：因 $k=0$，乘任何數均為 0）

$$=\sum_{k=1}^{n}\frac{n!}{(k-1)!(n-k)!}p^{k}q^{n-k}\ (約掉\ k)$$

$$=np\sum_{k=1}^{n}\frac{(n-1)!}{(k-1)!(n-k)!}p^{k-1}q^{n-k}\ (提出\ n\ 和\ p)\ \cdots\cdots (A)$$

令 $x = k-1 \Rightarrow (k=1$ 時，$x=0)$ 且 $(k=n$ 時，$x=n-1)$

$$(A)式 = np\sum_{x=0}^{n-1}\frac{(n-1)!}{x![n-(x-1)]!}p^x q^{(n-1)-x} = np(p+q)^{n-1} = np$$

（註：$(p+q)^n = \sum_{k=0}^{n}C(n,k)p^k q^{n-k}$ 且 $p+q=1$）

例 31　試證：二項式分布的變異數 $Var(X) = npq$

證明　因 $Var(X) = E(X^2) - [E(X)]^2 = E(X^2) - \mu^2$

(1) $E(X^2) = \sum_{k=1}^{n}k^2 \cdot \frac{n!}{k!(n-k)!}p^k q^{n-k}$

（註：因 $k=0$，乘任何數均為 0）

$$= \sum_{k=1}^{n}[k(k-1)+k]\cdot\frac{n!}{k!(n-k)!}p^k q^{n-k}$$

[ 註：$k^2 = k(k-1)+k$ ]

$$= \sum_{k=1}^{n}k(k-1)\cdot\frac{n!}{k!(n-k)!}p^k q^{n-k} + \sum_{k=1}^{n}k\cdot\frac{n!}{k!(n-k)!}p^k q^{n-k}$$

[ 註：第一式約掉 $k(k-1)$，第二式為 $E(X)$ ]

$$= \sum_{k=2}^{n}\frac{n!}{(k-2)!(n-k)!}p^k q^{n-k} + np\cdots\cdots (A)$$

令 $x = k-2 \Rightarrow (k=2$ 時，$x=0)$ 且 $(k=n$ 時，$x=n-2)$

$$(A)式 = \sum_{x=0}^{n-2}\frac{n!}{(x)![(n-2)-x]!}p^{(x+2)}q^{(n-2)-x} + np$$

$$= n(n-1)p^2\sum_{x=0}^{n-2}\frac{(n-2)!}{(x)![(n-2)-x]!}p^x q^{(n-2)-x} + np$$

（註：$n! = n\cdot(n-1)\cdot(n-2)!$ 且 $p^{(x+2)} = p^2 p^x$）

$$= n(n-1)p^2(p+q)^{n-2} + np \text{（註：} p+q=1 \text{）}$$

$$= n(n-1)p^2 + np$$

$$= np[(n-1)p+1] \text{（註：} p+q=1 \text{）}$$

$$= np(np+q) = (np)^2 + npq$$

(2) $\text{Var}(X) = \text{E}(X^2) - [E(X)]^2 = (np)^2 + npq - (np)^2 = npq$

例 32 試證：隨機變數 $X$ 二項式分布的 (1) 動差母函數 $M(t) = (q + pe^t)^n$，(2) 再由它證明期望值 $\mu = np$，(3) 變異數 $Var(X) = npq$

證明 隨機變數 X 是二項式分布，則

$$p(x) = P(X = x) = C(n,x)p^x q^{n-x}$$

(1) 其動差母函數為

$$M(t) = E(e^{tX}) = \sum e^{tx}p(x) = \sum_{x=0}^{n} e^{tx}C(n,x)p^x q^{n-x}$$

$$= \sum_{x=0}^{n} C(n,x)(pe^t)^x q^{n-x} = (q + pe^t)^n$$

(2) $M(t) = (q + pe^t)^n \Rightarrow M'(t) = n(q + pe^t)^{n-1}pe^t$

$$E(X) = M'(0) = n(q+p)^{n-1} \cdot p = np$$

(3) $M''(t) = n(n-1)(q + pe^t)^{n-2}(pe^t)^2 + n(q + pe^t)^{n-1}pe^t$

$$E(X^2) = M''(0) = n(n-1)(q + p)^{n-2}p^2 + n(q + p)p$$

$$= n(n-1)p^2 + np \text{（註：} q + p = 1 \text{）}$$

$$Var(X) = E(X^2) - [E(X)]^2 = n(n-1)p^2 + np - (np)^2$$

$$= npq$$

### 2.4.2 卜瓦松分布

30.【卜瓦松分布】

(1) 設 X 為一離散隨機變數，其值可以是 $0,1,2,\cdots$，對某一 $\lambda>0$，若機率質量函數為：

$$p(i) = P(X=i) = \mathrm{e}^{-\lambda}\frac{\lambda^i}{i!}, \ i=0, 1, 2, \cdots$$

此機率分布函數稱為卜瓦松分布（Poisson distribution）。

(2) 卜瓦松分布的參數 $\lambda(>0)$ 是單位時間（或單位面積）內隨機事件的平均發生率。例如每秒平均發生 a 次，單位時間為 T 秒，則 $\lambda=aT$

(3) 卜瓦松分布也可表示成 $X\sim\pi(\lambda)$ 或 $X\sim Pois(\lambda)$，其中 $\lambda$ 為其參數（$\lambda$ 必須是正數）。

31.【應用】卜瓦松分布適合於描述單位時間內隨機事件發生的次數的機率分布。如：(1) 某一服務設施在一定時間內受到的服務請求的次數；(2) 電話交換機一定時間內接到呼叫的次數；(3) 汽車站台一定時間內的候客人數；(4) 機器一定時間內出現的故障數；(5) 一本書中每頁出現的錯字；(6) 一天中打錯電話的次數；(7) 每天某商家的來店人數等等。

32.【期望值、變異數、標準差、動差母函數、特徵函數】卜瓦松分布的

(1) 期望值 $E(X)=\mu=\lambda$

(2) 變異數 $Var(X)=\sigma^2=\lambda$

(3) 標準差 $\sigma=\sqrt{\lambda}$

(4) 動差母函數 $M(t) = e^{\lambda(e^t - 1)}$

(5) 特徵函數 $\phi(\omega) = e^{\lambda(e^{i\omega} - 1)}$

(6) 累積分布函數 $F(x) = P(X \le x) = \sum\limits_{i=0}^{x} e^{-\lambda} \dfrac{\lambda^i}{i!}$

**例 33** 若以 X 表示某地一個月內發生車禍的次數，設 X 為卜瓦松分布且 $\lambda = 3$，求該地一個月內 (1) 發生 4 次車禍的機率？(2) 發生車禍小於等於 3 次的機率？(3) 一個月內發生車禍的期望值？(4) 變異數？

**做法** $P(X = i) = e^{-\lambda} \cdot \dfrac{\lambda^i}{i!}$

**解** (1) $P(X = 4) = e^{-3} \dfrac{3^4}{4!} = 0.168$

(2) $P(X \le 3) = P(X = 0) + P(X = 1) + P(X = 2) + P(X = 3)$

$$= e^{-3} \frac{3^0}{0!} + e^{-3} \frac{3^1}{1!} + e^{-3} \frac{3^2}{2!} + e^{-3} \frac{3^3}{3!} = 0.647$$

(3) 一個月內發生車禍的期望值 $E(x) = \lambda = 3$（次）

(4) 一個月內發生車禍的變異數 $Var(x) = \lambda = 3$（次）$^2$

**例 34** 若以 X 表示某台機器一天內產出瑕疵品的個數，設 X 為卜瓦松分布且 $\lambda = 0.1$，求該機器一天內產出 (1)1 個瑕疵品的機率？(2) 大於等於 2 個瑕疵品的機率？

**做法** $P(X = i) = e^{-\lambda} \cdot \dfrac{\lambda^i}{i!}$

**解** (1) $P(X = 1) = e^{-0.1} \dfrac{(0.1)^1}{1!} = 0.090$

(2) $P(X \geq 2) = 1 - P(X = 0) - P(X = 1)$

$$= 1 - e^{-0.1} \frac{(0.1)^0}{0!} - e^{-0.1} \frac{(0.1)^1}{1!} = 1 - 0.905 - 0.090 = 0.005$$

**例 35** 若以 $X$ 表示一個打字員一小時打錯字的字數，設 $X$ 為卜瓦松分布且 $\lambda = 2$，求該打字員 (1) 一個上午（4 小時）沒打錯字的的機率？(2) 一個上午打錯字小於等於 2 個字的機率？(3) 半小時沒打錯字的的機率？

**做法** 一小時打錯字的 $\lambda = 2$，則

(a)4 小時打錯字的 $\lambda = 8$，(b) 半小時打錯字的 $\lambda = 1$

**解** (1) $P(X = 0) = e^{-8} \dfrac{8^0}{0!} = 0.000335$

(2) $P(X \leq 2) = P(X = 0) + P(X = 1) + P(X = 2)$

$$= e^{-8} \frac{8^0}{0!} + e^{-8} \frac{8^1}{1!} + e^{-8} \frac{8^2}{2!} = 0.01375$$

(3) $P(X = 0) = e^{-1} \dfrac{1^0}{0!} = 0.368$

**例 36** 設離散型隨機變數 X 的動差母函數為：

(1) $M(t) = (e^t + 2)^4 / 81$，求其機率質量函數 $p(x)$？

(2) $M(t) = e^{5(e^t - 1)}$，求其機率質量函數 $p(x)$？

（已知卜瓦松分布 $M(t) = e^{\lambda(e^t - 1)}$）

**解** (1) $M(t) = (e^t + 2)^4 / 81$

$$= \frac{1}{81} \left( e^{4t} + 4 \cdot e^{3t} \cdot 2 + 6 \cdot e^{2t} \cdot 2^2 + 4 \cdot e^t \cdot 2^3 + 2^4 \right)$$

$$= \frac{1}{81} e^{4t} + \frac{8}{81} e^{3t} + \frac{24}{81} e^{2t} + \frac{32}{81} e^t + \frac{16}{81}$$

又 $M(t) = \sum_x e^{tx} p(x)$

$$= p(0) + p(1)e^t + p(2)e^{2t} + p(3)e^{3t} + p(4)e^{4t}$$

比較係數得：

$$p(0) = \frac{16}{81}, p(1) = \frac{32}{81}, p(2) = \frac{24}{81}, p(3) = \frac{8}{81}, p(4) = \frac{1}{81}$$

它還要滿足 $\sum_x p(x) = 1$ 才是機率質量函數

$$\frac{16}{81} + \frac{32}{81} + \frac{24}{81} + \frac{8}{81} + \frac{1}{81} = 1 \text{（滿足）}$$

(2) 因卜瓦松分布 $M(t) = e^{\lambda(e^t - 1)}$，

而 $M(t) = e^{5(e^t - 1)}$，所以此為 $\lambda = 5$ 的卜瓦松分布，

其 $p(x) = e^{-5} \cdot \dfrac{5^x}{x!}$

註：動差母函數唯一決定分布，即若 $M_X(t)$ 存在，則 $X$ 的分布就決定了

例 37　試證：卜瓦松分布滿足 $\displaystyle\sum_{i=0}^{\infty} P(X = i) = \sum_{i=0}^{\infty} e^{-\lambda} \frac{\lambda^i}{i!} = 1$

證明　因 $e^\lambda = 1 + \lambda + \dfrac{\lambda^2}{2!} + \dfrac{\lambda^3}{3!} + \cdots = \displaystyle\sum_{i=0}^{\infty} \frac{\lambda^i}{i!}$

（二邊同乘 $e^{-\lambda}$）$\Rightarrow 1 = \displaystyle\sum_{i=0}^{\infty} e^{-\lambda} \frac{\lambda^i}{i!}$

例 38　試證：卜瓦松分布的 (1) 期望值 $E(X) = \mu = \lambda$；(2) 變異數 $Var(X) = \sigma^2 = \lambda$

證明 (1) $E(X) = \sum_{i=0}^{\infty} i \cdot P(X=i) = \sum_{i=0}^{\infty} i \cdot \dfrac{\lambda^i \cdot e^{-\lambda}}{i!}$

$\qquad = \lambda e^{-\lambda} \sum_{i=1}^{\infty} \dfrac{\lambda^{i-1}}{(i-1)!}$

$\qquad = \lambda e^{-\lambda} \sum_{k=0}^{\infty} \dfrac{\lambda^k}{k!}$ （令 $k=i-1$）

$\qquad = \lambda e^{-\lambda} \cdot e^{\lambda} = \lambda$

(2) $E(X^2) = \sum_{i=0}^{\infty} i^2 \cdot P(X=i) = \sum_{i=0}^{\infty} i^2 \cdot \dfrac{\lambda^i \cdot e^{-\lambda}}{i!}$

$\qquad = \lambda \sum_{i=1}^{\infty} \dfrac{i e^{-\lambda} \lambda^{i-1}}{(i-1)!}$ （$i=0$ 乘上任何數均為 $0$）

$\qquad = \lambda \sum_{k=0}^{\infty} \dfrac{(k+1) e^{-\lambda} \lambda^k}{k!}$ （令 $k=i-1$）

$\qquad = \lambda \left[ \sum_{k=0}^{\infty} \dfrac{k e^{-\lambda} \lambda^k}{k!} + \sum_{k=0}^{\infty} \dfrac{e^{-\lambda} \lambda^k}{k!} \right]$

$\qquad = \lambda \left[ \lambda e^{-\lambda} \sum_{k=1}^{\infty} \dfrac{\lambda^{k-1}}{(k-1)!} + e^{-\lambda} \sum_{k=0}^{\infty} \dfrac{\lambda^k}{k!} \right]$

$\qquad = \lambda(\lambda+1)$

$\quad Var(X) = E(X^2) - \left[ E(X) \right]^2 = \lambda(\lambda+1) - \lambda^2 = \lambda$

例 39 試證：卜瓦松分布的

(1) 動差母函數 $M(t) = e^{\lambda(e^t - 1)}$；

(2) 利用動差母函數證明 (a) 期望值 $E(X) = \mu = \lambda$；(b) 變

異數 $Var(X) = \sigma^2 = \lambda$

解 (1) $M_X(t) = E(e^{tX}) = \sum\limits_{x=0}^{\infty} e^{tx} \cdot \dfrac{\lambda^x \cdot e^{-\lambda}}{x!}$

$$= e^{-\lambda} \sum_{x=0}^{\infty} \frac{(e^t \lambda)^x}{x!}$$

$$= e^{-\lambda} \cdot e^{e^t \lambda} = e^{\lambda(e^t - 1)}$$

(2a) $\mu_1' = E[X] = \mu = \dfrac{dM_X(t)}{dt}\Big|_{t=0}$

$$= e^{\lambda(e^t - 1)} \cdot \left( \lambda e^t \right)\Big|_{t=0} = \lambda$$

(2b) $\mu_2' = E[X^2] = \dfrac{d^2 M_X(t)}{dt^2}\Big|_{t=0} = \dfrac{d}{dt}\left[ e^{\lambda(e^t - 1)} \cdot (\lambda e^t) \right]_{t=0}$

$$= [e^{\lambda(e^t - 1)} \cdot (\lambda e^t)^2 + e^{\lambda(e^t - 1)} \cdot (\lambda e^t)]_{t=0} = \lambda^2 + \lambda$$

$$\Rightarrow Var(X) = \sigma^2 = E[X^2] - \left[ E(X) \right]^2 = (\lambda^2 + \lambda) - \lambda^2 = \lambda$$

---

33.【不同分布的相似性】本章和下一章會介紹多種不同的分布函數，當某些分布加了一些限制條件後，會近似於另一個分布，有：

(1) 二項式分布接近卜瓦松分布：若二項式分布的 $n$ 很大，且 $p$ 接近 0（或 $q = 1-p$ 接近 1）時，此時二項式分布就會非常接近卜瓦松分布；

(2) 卜瓦松分布接近常態分布（下一章說明）：若卜瓦松分布的隨機變數 $X$ 改成標準隨機變數 $Z$，即 $Z = \dfrac{X - \lambda}{\sqrt{\lambda}}$，則當 $\lambda \to \infty$ 時，卜瓦松分布就會非常接近常態分布；

(3) 二項式分布接近常態分布（下一章說明）：若二項式
　分布的 $n$ 很大，而且 $p$ 且 $q$ 都不接近 0 時，且將二項
　式分布的隨機變數 $X$ 改成 $Z = \dfrac{X - np}{\sqrt{npq}}$，則二項式分布
　就會非常接近常態分布。
本章只介紹「(1) 二項式分布接近卜瓦松分布」，其餘的
二項下一章再介紹。

34.【二項式分布接近卜瓦松分布】若二項式分布
$P(X = i) = C(n,i)p^i q^{n-i}$ 中的 $n$ 很大，而且 $p$ 接近 0（或
$q = 1 - p$ 接近 1）時，此試驗稱為「極少發生事件（rare
event）」，此時二項式分布就會非常接近卜瓦松分布，
其中卜瓦松分布的 $\lambda = np$，$p \approx 0$（或 $q \approx 1$）
註：$p \leq 0.1$ 且 $np \leq 5$，此二種分布就很相近

例 40　一部機器生產出瑕疵品的機率為 10%，分別使用 (1) 二
　　　　項式分布；(2) 卜瓦松分布；求生產 10 件物品產生 1 件
　　　　瑕疵品的機率為何？

做法　若二項式分布中的 $p \leq 0.1$ 且 $np \leq 5$，此時二項式分布就
　　　會非常接近卜瓦松分布

解　令隨機變數 X 為產生瑕疵品（成功）的個數，其機率
　　$p = 0.1$
　　(1) 二項式分布
　　　　$P(X = 1) = C(10,1)(0.1)^1 (0.9)^9 \approx 0.387$
　　(2) 卜瓦松分布

$$\lambda = np = 10 \cdot 0.1 = 1 \text{（滿足 } p \leq 0.1 \text{，} np \leq 5\text{）}$$

$$P(X=1) = e^{-\lambda} \frac{\lambda^1}{1!} = e^{-1} \cdot 1 \approx \frac{1}{2.718} = 0.368$$

**例 41** 一部機器生產出瑕疵品的機率為 0.2%，求生產 1000 件物品會產生 (1)1 件瑕疵品的機率約為何？(2) 超過 1 件瑕疵品的機率約為何？

**做法** 此題若用二項式分布來做計算太複雜，因其滿足 $p \leq 0.1$ 且 $np \leq 5$，可改用卜瓦松分布來求近似值

**解** 令隨機變數 X 為產生瑕疵品的個數，其機率 $p = 0.002$
因 $\lambda = np = 1000 \cdot 0.002 = 2 \leq 5$，可改用卜瓦松分布來求近似值

(1) 1 件瑕疵品的機率

$$P(X=1) = \frac{\lambda^1 \cdot e^{-\lambda}}{1!} = \frac{2 \cdot e^{-2}}{1} \approx \frac{2}{(2.718)^2} \approx 0.271$$

(2) 超過 1 件瑕疵品的機率

$$P(X>1) = 1 - \left[ P(X=0) + P(X=1) \right]$$

$$= 1 - [\frac{2^0 \cdot e^{-2}}{0!} + 0.271] \approx 0.594$$

**例 42** 試證：若二項式分布 $P(X=i) = C(n,i)p^i q^{n-i}$ 中的 $n$ 很大，此時二項式分布就會非常接近卜瓦松分布，其中瓦松分布的 $\lambda = np$

**證明** 二項式分布 $P(X=i) = C(n,i)p^i q^{n-i}$

(1) 令 $\lambda = np \Rightarrow p = \lambda / n$

(2) $P(X=i) = C(n,i)p^i q^{n-i} = C(n,i)\left(\dfrac{\lambda}{n}\right)^i \left(1-\dfrac{\lambda}{n}\right)^{n-i}$

$$= \frac{n(n-1)\cdots(n-i+1)}{i!\,n^i}\lambda^i\left(1-\frac{\lambda}{n}\right)^{n-i}$$

$$= \frac{\left(1-\dfrac{1}{n}\right)\left(1-\dfrac{2}{n}\right)\cdots\left(1-\dfrac{i-1}{n}\right)}{i!}\lambda^i\left(1-\frac{\lambda}{n}\right)^{n-i}$$

(3) 當 $n \to \infty$ 時，

$$\left(1-\frac{1}{n}\right)\left(1-\frac{2}{n}\right)\cdots\left(1-\frac{i-1}{n}\right) \to 1$$

且 $\left(1-\dfrac{\lambda}{n}\right)^{n-i} = \left(1-\dfrac{\lambda}{n}\right)^n \left(1-\dfrac{\lambda}{n}\right)^{-i} \to \left(e^{-\lambda}\right)(1) = e^{-\lambda}$

（註：因 $\lim\limits_{n\to\infty}\left(1+\dfrac{x}{n}\right)^n = e^x$）

(4) 當 $n \to \infty$ 時，因 $\lambda = np$ 為固定值，所以 $p \to 0$

$$P(X=i) = \frac{\left(1-\dfrac{1}{n}\right)\left(1-\dfrac{2}{n}\right)\cdots\left(1-\dfrac{i-1}{n}\right)}{i!}\lambda^i\left(1-\frac{\lambda}{n}\right)^{n-i} \to \frac{\lambda^i e^{-\lambda}}{i!}$$

## 2.4.3 幾何分布

35.【幾何分布】

(1) 在白努力試驗中，若以隨機變數 $X$ 表示前 $n-1$ 次的試驗均失敗（機率 $= q^{n-1}$），第 $n$ 次才成功（機率 $= p$），則其機率質量分布函數為：

$$P(X=n) = p(n) = pq^{n-1}，\ n=1, 2, \cdots$$

此機率分布函數稱爲幾何分布（geometric distribution）

(2) 幾何分布也可表示成 $X \sim G(p)$，其中 $p$ 爲其參數。

36.【應用】不停地擲骰子，直到出現想要的點數（成功）爲止；

37.【期望值、變異數、動差母函數、特徵函數】幾何分布的

(1) 期望值 $E(X) = \dfrac{1}{p}$

(2) 變異數 $Var(X) = \dfrac{q}{p^2}$

(3) 動差母函數 $M(t) = \dfrac{pe^t}{1 - qe^t}$

(4) 特徵函數 $\phi(\omega) = \dfrac{pe^{i\omega}}{1 - qe^{i\omega}}$

(5) 累積分布函數 $F(x) = P(X \le x) = \sum\limits_{n=1}^{x} pq^{n-1}$

---

**例 43** 投擲一個骰子，若要在投擲第 3 次就第一次出現 5 點的機率爲何？第一次出現 5（成功）的期望值？變異數？動差母函數？特徵函數？

**解** 此題 $p = \dfrac{1}{6}$，$q = \dfrac{5}{6}$，$n = 3$（前二次出現非 5 的機率爲 $\left(\dfrac{5}{6}\right)^2$，第三次出現 5 的機率爲 $\dfrac{1}{6}$）

(1) $P(X = 3) = \dfrac{1}{6} \cdot \left(\dfrac{5}{6}\right)^{3-1} = \dfrac{25}{216}$

(2) 第一次出現 5 的期望值 $E(X) = \dfrac{1}{p} = \dfrac{1}{1/6} = 6$

(3) 變異數 $Var(X) = \dfrac{q}{p^2} = \dfrac{5/6}{(1/6)^2} = 30$

(4) 動差母函數 $M(t) = \dfrac{pe^t}{1-qe^t} = \dfrac{(1/6)e^t}{1-(5/6)e^t} = \dfrac{e^t}{6-5e^t}$

(5) 特徵函數 $\phi(\omega) = \dfrac{pe^{i\omega}}{1-qe^{i\omega}} = \dfrac{(1/6)e^{i\omega}}{1-(5/6)e^{i\omega}} = \dfrac{e^{i\omega}}{6-5e^{i\omega}}$

例 44 試證：幾何分布的 (1) $\displaystyle\sum_{i=1}^{\infty} p(i) = 1$；(2) 期望值 $E(X) = \dfrac{1}{p}$；

(3) 變異數 $Var(X) = \dfrac{q}{p^2}$

證明 (1) $\displaystyle\sum_{i=0}^{\infty} p(i) = \sum_{i=0}^{\infty} pq^i = p(1+q+q^2+q^3+\cdots)$

$$= p \cdot \dfrac{1}{1-q} = p \cdot \dfrac{1}{p} = 1 \ (\text{註：} 1-q=p)$$

(2) $E(X) = \displaystyle\sum_{i=1}^{\infty} ipq^{i-1} = \sum_{i=1}^{\infty}(i-1+1)pq^{i-1}$

$$= \sum_{i=1}^{\infty}(i-1)pq^{i-1} + \sum_{i=1}^{\infty} pq^{i-1}$$

（左式令 $k=i-1$，右式結果為 1）

$$= \sum_{k=0}^{\infty} kpq^k + 1 = q\sum_{k=0}^{\infty} kpq^{k-1} + 1 = qE(X)+1$$

$$\Rightarrow (1-q)E(X) = 1$$

$$\Rightarrow E(X) = \dfrac{1}{1-q} = \dfrac{1}{p}$$

(2) $E(X^2) = \sum_{i=1}^{\infty} i^2 pq^{i-1}$

$$= \sum_{i=1}^{\infty} (i-1)^2 pq^{i-1} + \sum_{i=1}^{\infty} 2(i-1)pq^{i-1} + \sum_{i=1}^{\infty} pq^{i-1}$$

$$= \sum_{k=0}^{\infty} k^2 pq^k + 2\sum_{k=0}^{\infty} kpq^k + 1$$

（左邊二式令 $k=i-1$，右式結果為 1）

$$= q\sum_{k=0}^{\infty} k^2 pq^{k-1} + 2q\sum_{k=0}^{\infty} kpq^{k-1} + 1$$

$$= qE(X^2) + 2qE(X) + 1$$

$\Rightarrow (1-q)E(X^2) = 2qE(X) + 1$（註：$1-q=p$）

$\Rightarrow E(X^2) = \dfrac{2qE(X)+1}{1-q} = \dfrac{1}{p}\left(\dfrac{2q}{p}+1\right) = \dfrac{2q+p}{p^2} = \dfrac{q+1}{p^2}$

$\Rightarrow Var(X) = E(X^2) - [E(X)]^2 == \dfrac{q+1}{p^2} - \dfrac{1}{p^2} = \dfrac{q}{p^2}$

（註：此題也可以用動差母函數來做）

### 2.4.4　超幾何分布

38.【超幾何分布】

(1) 袋子內有 $N$ 個球，其中有 $b$ 個黑球，$w$ 個白球（$b+w=N$），現要從袋子內隨機取出（不放回去）$n$ 個球（$n \le N$），若以隨機變數 $X$ 表示取出黑球的個數，則其機率質量函數為（取出黑球表示成功事件）：

$$P(X=x) = \dfrac{C(b,x)\cdot C(w,n-x)}{C(N,n)} \text{，} i=0, 1, 2, \cdots, n$$

（註：$b$ 個黑球，取出 $x$ 個；$w$ 個白球，取出 $(n-x)$ 個）

此類型的機率分布函數稱為超幾何分布（hypergeometric distribution）

(2) 超幾何分布也可表示成 $X \sim H(n, b, N)$，其中 $(n, b, N)$ 為其參數。

（註：(1) 參數有：取出的個數 $n$，和決定第一次成功機率 的 $b$ 和 $N$；

　　　(2) 若是從袋中隨機取出一球後再放回去後，再取 下一球，其機率分布函數稱為二項式分布，即

$$P(X = x) = C(N,x) p^x q^{N-x} = C(N,x) \left( \frac{b}{N} \right)^x \left( \frac{w}{N} \right)^{N-x} ）$$

39.【期望值、變異數】若令 $p = \dfrac{b}{N}$，$q = \dfrac{w}{N}$，則超幾何分布的

(1) 期望值 $E(X) = np$

(2) 變異數 $Var(X) = npq \dfrac{(N-n)}{(N-1)}$

---

例 45　袋中有 10 個球，其中有 6 個白球，4 個黑球，現要從袋中隨機取出（不放回去）5 個球，若以隨機變數 X 表示取出白球的個數，則 (1)$P(X=2)$ 的機率為何？(2)10 個球取出 5 個球，取出白球的期望值？(3) 變異數？

解　$p = \dfrac{6}{10}$　$q = \dfrac{4}{10}$

(1) 6 個白球取出 2 個 $C(6, 2)$

　　4 個黑球取出 3 個 $C(4, 3)$

　　共 10 個球取出 5 個 $C(10, 5)$

$$\Rightarrow P(X=2) = \frac{C(6,2) \cdot C(4,3)}{C(10,5)} = \frac{5}{21}$$

(2) 10 個球取出 5 個球，取出白球的期望值

$$E(X) = np = 5 \cdot \frac{6}{10} = 3 \text{（個白球）}$$

(3) $Var(X) = npq\frac{N-n}{N-1} = 5 \cdot \frac{6}{10} \cdot \frac{4}{10} \cdot \frac{10-5}{10-1} = 0.667$

例 46　袋子內有編號 1 到 4 號的 4 個球，一次取出一顆球，若取出不放回去，求平均幾次才能取到 1 號球

做法　此題也就是要求期望值

解　設隨機變數 X 為取到 1 號球需要的次數

則 $P(X=1) = \frac{1}{4}$

$P(X=2) = \frac{3}{4} \cdot \frac{1}{3} = \frac{1}{4}$

$P(X=3) = \frac{3}{4} \cdot \frac{2}{3} \cdot \frac{1}{2} = \frac{1}{4}$

$P(X=4) = \frac{3}{4} \cdot \frac{2}{3} \cdot \frac{1}{2} \cdot 1 = \frac{1}{4}$

期望值 $E(X) = \sum_{x=1}^{4} x\,p(x) = 1 \cdot \frac{1}{4} + 2 \cdot \frac{1}{4} + 3 \cdot \frac{1}{4} + 4 \cdot \frac{1}{4} = \frac{5}{2}$

例 47　袋子內有 10 顆球，2 顆紅球、8 顆白球，一次取出一顆球，若取出不放回去，求平均幾次才能取到全部的紅球

做法　此題也就是要求期望值

解　設隨機變數 $X$ 為取出全部紅球所需要的次數

則 $P(X=x)$ 表示：

(1) 前 $(x-1)$ 次取出 1 顆紅球，$(x-2)$ 顆白球，

$$機率 = \frac{C(2,1) \cdot C(8, x-2)}{C(10, x-1)} = \frac{2 \cdot \dfrac{8!}{(x-2)! \cdot [8-(x-2)]!}}{\dfrac{10!}{(x-1)! \cdot [10-(x-1)]!}}$$

$$= \frac{(x-1)(11-x)}{45}$$

(2) 最後一次（第 x 次）取出紅球的機率

機率 $p(x) = \dfrac{1}{10-(x-1)} = \dfrac{1}{11-x}$，$2 \le x \le 10$

所以 $P(X=x) = \dfrac{(x-1)(11-x)}{45} \cdot \dfrac{1}{11-x} = \dfrac{x-1}{45}$，

$2 \le x \le 10$

期望值 $E(X) = \displaystyle\sum_{x=2}^{10} x p(x) = \sum_{x=2}^{10} x \cdot \frac{x-1}{45} = \frac{1}{45} \sum_{x=2}^{10} (x^2 - x) = \frac{22}{3}$

## 2.4.5 負二項式分布

40.【負二項式分布】

(1) 持續進行白努力試驗，直至 r 次成功才停止，設隨機變數 X 是試驗的次數，p 是成功的機率，q (=1−p) 是失敗的機率，其機率質量函數為：

$$P(X=x) = C(x-1, r-1) p^r q^{x-r}，x=r, r+1, \cdots$$

此稱為負二項式分布（negative binomial distribution）。

此分布有時又稱為巴斯卡分布（Pascal distribution）。

(2) 它類似二項式分布，「x 次試驗有 r 次成功」，也就是「前 x − 1 次試驗，有 r − 1 次成功（機率 = $C(x-1, r-1) p^{r-1} q^{x-r}$），第 x 次試驗，一定成功的機率（機率 = p）」

(3) 負二項式分布也可表示成 $X \sim NB(r, p)$，其中 $(r, p)$ 爲其參數。

(4) 若負二項式分布的 $r = 1$，此時就是幾何分布了，即
$X \sim NB(1, p)$ 等於 $X \sim G(p)$

41.【期望值、變異數、標準差、動差母函數、特徵函數】
負二項式分布的

(1) 期望值 $E(X) = \dfrac{r}{p}$

(2) 變異數 $Var(X) = \dfrac{rq}{p^2}$

(3) 標準差 $\sigma = \dfrac{\sqrt{rq}}{p}$

(4) 動差母函數 $M(t) = \dfrac{(pe^t)^r}{(1 - qe^t)^r}$

例 48　投擲一個骰子，若要在投擲第 6 次就會出現二次 5 點的機率爲何？投擲 6 次就出現二次 5 點的期望值？變異數？

做法　此題 $p = \dfrac{1}{6}$，$q = \dfrac{5}{6}$，投擲 5 次出現一次 5 點（機率 $= C(5,1)\left(\dfrac{1}{6}\right)\left(\dfrac{5}{6}\right)^4$），投擲第 6 次出現 5 點（機率 $= \dfrac{1}{6}$）

解　(1) $P(X = 2) = C(5,1)\left(\dfrac{1}{6}\right)^2\left(\dfrac{5}{6}\right)^4 = 0.067$

(2) 出現 2 次 5 點的期望值 $E(X) = \dfrac{r}{p} = \dfrac{2}{(1/6)} = 12$

(3) 變異數 $Var(X) = \dfrac{rq}{p^2} = \dfrac{2 \cdot (5/6)}{(1/6)^2} = 60$

例49 試證：負二項式分布的

(1) $\displaystyle\sum_{x=r}^{\infty} P(X=x) = \sum_{x=r}^{\infty} C(x-1, r-1)p^r q^{x-r} = 1$，

(2) 期望值 $E(X) = \dfrac{r}{p}$，

(3) 變異數 $Var(X) = \dfrac{rq}{p^2}$，

(4) 動差母函數 $M(t) = \dfrac{(pe^t)^r}{(1-qe^t)^r}$

解 (1) $\displaystyle\sum_{x=r}^{\infty} P(X=x) = \sum_{x=r}^{\infty} C(x-1, r-1)p^r q^{x-r}$ （令 $k = x - r$）

$$= \sum_{k=0}^{\infty} C(k+r-1, r-1)p^r q^k \;\cdots\cdots \text{(A)}$$

而 $C(k+r-1, r-1) = \dfrac{(k+r-1)(k+r-2)\cdots(r)}{k!}$

$$= (-1)^k \dfrac{(-r)(-r-1)\cdots(-r-k+1)}{k!}$$

$$= (-1)^k C(-r, k) \cdots\cdots \text{(B)}$$

又 $1 = p^r \cdot p^{-r} = p^r \cdot (1-q)^{-r} = p^r \displaystyle\sum_{k=0}^{\infty} C(-r, k)(-q)^k$

$$= p^r \sum_{k=0}^{\infty} (-1)^k C(-r, k)q^k \;(\text{(B) 式代入此式})$$

$$= p^r \sum_{k=0}^{\infty} C(k+r-1, r-1)q^k$$

$$= \sum_{k=0}^{\infty} C(k+r-1, r-1)p^r q^k \;(\text{此即為 (A) 式})$$

$$所以 \sum_{x=r}^{\infty} P(X = x) = \sum_{x=r}^{\infty} C(x-1, r-1) p^r q^{x-r} = 1$$

$$(2)\ E(X^k) = \sum_{n=r}^{\infty} n^k C(n-1, r-1) p^r q^{n-r}$$

$$= \frac{r}{p} \sum_{n=r}^{\infty} n^{k-1} C(n, r) p^{r+1} q^{n-r}$$

$$[\ 註：nC(n-1, r-1) = rC(n, r)\ ]$$

$$= \frac{r}{p} \sum_{m=r+1}^{\infty} (m-1)^{k-1} C(m-1, r) p^{r+1} q^{m-(r+1)}$$

$$（註：m = n+1）$$

$$= \frac{r}{p} E[(Y-1)^{k-1}]$$

$$E(X) = \frac{r}{p} E[(Y-1)^0] = \frac{r}{p}$$

$$(3)\ E(X^2) = \frac{r}{p} E(Y-1) = \frac{r}{p} \left( \frac{r+1}{p} - 1 \right)$$

$$Var(X) = E(X^2) - [E(X)]^2 = \frac{r}{p} \left( \frac{r+1}{p} - 1 \right) - \left( \frac{r}{p} \right)^2$$

$$= \frac{r(1-p)}{p^2} = \frac{rq}{p^2}$$

$$(4)\ M_X(t) = E[e^{tX}] = \sum_{x=r}^{\infty} e^{tx} C(x-1, r-1) p^r q^{x-r} \quad （令 k = x-r）$$

$$= \sum_{k=0}^{\infty} e^{t(k+r)} C(k+r-1, r-1) p^r q^k \ \cdots\cdots (A)$$

$$= \sum_{k=0}^{\infty} C(k+r-1, r-1)(e^t p)^r (e^t q)^k$$

$$= \sum_{k=0}^{\infty} (-1)^k C(-r, k)(e^t p)^r (e^t q)^k$$

（由 (B) 結果得到）

$$= (e^t p)^r [1 - qe^t]^{-r} = \frac{(pe^t)^r}{(1 - qe^t)^r}$$

(5) 由 $M_x(t)$ 求出其期望值

$$M'(t) = \frac{d}{dt}[(e^t p)^r (1 - qe^t)^{-r}]$$

$$= r(e^t p)^{r-1}(e^t p) \cdot (1 - qe^t)^{-r} + (e^t p)^r \cdot [(-r)(1 - qe^t)^{-r-1}(-qe^t)]$$

$$M'(0) = r(p)^{r-1}(p) \cdot (1 - q)^{-r} + (p)^r \cdot [(-r)(1 - q)^{-r-1}(-q)]$$

$$= r(p)^r \cdot (p)^{-r} + rq(p)^r \cdot (p)^{-r-1}$$

$$= r + rqp^{-1} = r(1 + \frac{q}{p}) = \frac{r}{p}$$

補充 為何稱為「負二項式分布」？因為它的係數

$C(x-1, r-1)$ 是負二項式展開的係數，即

$$f(x) = (1-x)^{-r} = f(0) + \frac{f'(0)}{1!}x + \frac{f''(0)}{2!}x^2 + \frac{f'''(0)}{3!}x^3 + \cdots$$

（此為負二項式）

$$\Rightarrow f(0) = 1$$

$$f'(x) = \frac{d(1-x)^{-r}}{dx} = (-r)(1-x)^{-r-1}(-1) = r(1-x)^{-(r+1)}$$

$$\Rightarrow f'(0) = r$$

$$f''(x) = \frac{d^2(1-x)^{-r}}{dx^2} = (r)(-r-1)(1-x)^{-r-2}(-1)$$

$$= r(r+1)(1-x)^{-(r+2)} \Rightarrow f''(0) = r(r+1)$$

$$f'''(x) = \frac{d^3(1-x)^{-r}}{dx^3} = (r)(r+1)(-r-2)(1-x)^{-r-3}(-1)$$

$$= r(r+1)(r+2)(1-x)^{-(r+3)} \Rightarrow f'''(0) = r(r+1)(r+2)$$

$$f(x) = (1-x)^{-r} = f(0) + \frac{f'(0)}{1!}x + \frac{f''(0)}{2!}x^2 + \frac{f'''(0)}{3!}x^3 + \cdots$$

$$= 1 + \frac{r}{1!}x + \frac{r(r+1)}{2!}x^2 + \frac{r(r+1)(r+2)}{3!}x^3 + \cdots$$

$$= 1 + \frac{r!}{1!\cdot(r-1)!}x + \frac{(r+1)!}{2!\cdot(r-1)!}x^2 + \frac{(r+2)!}{3!\cdot(r-1)!}x^3 + \cdots$$

$$= C(r-1,r-1) + C(r,r-1)x + C(r+1,r-1)x^2$$

$$+ C(r+2,r-1)x^3 + \cdots$$

此係數即為負二項式分布的機率質量函數

$P(X=x) = C(x-1,r-1)p^r q^{x-r}$，$x=r, r+1, \cdots$ 的係數

## 練習題

1. 投擲一硬幣 3 次，設隨機變數 X 是出現正面的次數，
   (1) 求 X 的機率質量函數，(2) 將 (1) 的結果繪製成圖
   答 (1)

   | $x$ | 0 | 1 | 2 | 3 |
   |-----|-----|-----|-----|-----|
   | $f(x)$ | 1/8 | 3/8 | 3/8 | 1/8 |

   ；(2) 略

2. 袋子內有 5 顆白球和 3 顆黑球，先後取出 2 球（取後不放回），設隨機變數 X 是取出白球的數量，(1) 求 X 的機率質量函數，(2) 將 (1) 的結果繪製成圖

答 (1)

| $x$ | 0 | 1 | 2 |
|---|---|---|---|
| $f(x)$ | 3/28 | 15/28 | 5/14 |

；(2) 略

3. 袋子內有 5 顆白球和 3 顆黑球，先後取出 2 球（取後放回），設隨機變數 X 是取出白球的數量，(1) 求 X 的機率質量函數，(2) 將 (1) 的結果繪製成圖

答 (1)

| $x$ | 0 | 1 | 2 |
|---|---|---|---|
| $f(x)$ | 9/64 | 15/32 | 25/64 |

；(2) 略

4. 從一 52 張的撲克牌中取出 4 張牌，設隨機變數 X 是取出老 K 的數量，(1) 求 X 的機率質量函數，(2) 將 (1) 的結果繪製成圖

答 (1)

| $x$ | 0 | 1 | 2 | 3 | 4 |
|---|---|---|---|---|---|
| $f(x)$ | $\dfrac{194{,}580}{270{,}725}$ | $\dfrac{69{,}184}{270{,}725}$ | $\dfrac{6768}{270{,}725}$ | $\dfrac{192}{270{,}725}$ | $\dfrac{1}{270{,}725}$ |

；

(2) 略

5. 隨機變數 X 的機率質量函數如下，求 (1)X 的累積分布函數，(2) 將 (1) 的結果繪製成圖

| $x$ | 1 | 2 | 3 |
|---|---|---|---|
| $f(x)$ | 1/2 | 1/3 | 1/6 |

答 (1)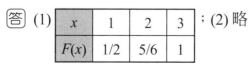

| $x$ | 1 | 2 | 3 |
|---|---|---|---|
| $F(x)$ | 1/2 | 5/6 | 1 |

；(2) 略

6. 隨機變數 X 的累積分布函數如下，求 (1)X 的機率質量函數，(2) $P(1 \leq X \leq 3)$，(3) $P(X \geq 2)$，(4) $P(X < 3)$，(5) $P(X > 1.7)$

| $x$ | 1 | 2 | 3 | 4 |
|-----|-----|-----|-----|-----|
| $F(x)$ | 1/8 | 3/8 | 3/4 | 1 |

答 (1)

| $x$ | 1 | 2 | 3 | 4 |
|-----|-----|-----|-----|-----|
| $f(x)$ | 1/8 | 1/4 | 3/8 | 1/4 |

；

　　(2)3/4；(3)7/8；(4)3/8；(5)7/8

7. 設隨機變數 X 的機率質量函數如下，

$$f(x) = \frac{c}{3^x}, x = 1,2,3,\cdots$$

求 (1)c 值，(2) 累積分布函數，(3) 繪出機率質量函數和累積分布函數圖，(4)$P(2 \leq X < 5)$，(5) $P(X > 3)$

答 (1)2；(2) $F(x) = \begin{cases} 0, & x < 1 \\ 1 - 3^{-y}, & y \leq x < y+1, y = 1,2,3,\cdots \end{cases}$ ；

　　(3) 略；(4)26/81；(5)1/9

8. 設隨機變數 $X$ 的機率質量函數為：

$$f(x) = \begin{cases} 2p, & x = 1 \\ p, & x = 2 \\ 4p, & x = 3 \\ 0, & \text{其它地方} \end{cases}$$ ，其中 $p$ 為一常數

求 (1)$P(0 \leq X < 3)$，(2) $P(X > 1)$

答 (1)3/7；(2) 5/7

9. 設隨機變數 X 的機率質量函數為：

$$X = \begin{cases} -2, & \text{機率} = 1/3 \\ 3, & \text{機率} = 1/2 \\ 1, & \text{機率} = 1/6 \end{cases}，求 \ (1)E(X)，(2) \ E(2X+5)，$$

(3) $E(X^2)$

答 (1)1；(2)7；(3) 6

10. 連續投擲一個骰子 3 次，其出現點數的期望值為何？

答 10.5

11. 投擲一個骰子 1 次，其出現點數 1 點的變異數與標準差？

答 (1)35/12；(2) $\sqrt{35/12}$

12. 設隨機變數 X 機率質量函數為：

$$X = \begin{cases} -2, & \text{機率} = 1/3 \\ 3, & \text{機率} = 1/2 \\ 1, & \text{機率} = 1/6 \end{cases}，求 \ Var(X)，\sigma_X$$

答 (1) $Var(X) = 5$；(2) $\sigma_X = \sqrt{5}$

13. 若隨機變數 X 的 $E(X) = 2$，$E(X^2) = 8$，

求 $Var(X)$，$\sigma_X$

答 (1) $Var(X) = 4$；(2) $\sigma_X = 2$

14. 若隨機變數 X 的 $E[(X-1)^2] = 10$，$E[(X-2)^2] = 6$，

求 $E(X)$，$Var(X)$，$\sigma_X$

答 (1)3/2；(1)39/4；(2) $\sqrt{39}/2$

15. 設的隨機變數 X 的機率質量函數為

$$X = \begin{cases} 1/2, & \text{機率} = 1/2 \\ -1/2, & \text{機率} = 1/2 \end{cases}，$$

求 (1) 動差母函數，(2) 相對原點的前 4 階動差

答 (1) $(e^{t/2} + e^{-t/2})/2 = \cosh(t)$；

　　(2) $\mu = 0, \mu_2' = 1, \mu_3' = 0, \mu_4' = 1$

16.設的隨機變數 X 的機率質量函數為

$$X = \begin{cases} a, & 機率 = \text{p} \\ b, & 機率 = \text{q}(=1-\text{p}) \end{cases}，求其特徵函數$$

答 $pe^{i\omega a} + qe^{i\omega b}$

17.設隨機變數 $X$ 定義如下，

$$X = \begin{cases} 2, & 機率 = 1/3 \\ 1, & 機率 = 1/6 \\ 3, & 機率 = 1/2 \end{cases}，求 (1)E(X)，(2)Var(X)，(3) 動差$$

母函數，(4) 特徵函數，(5) 相對期望值的第 3 階動差

答 (1)7/3；(2)5/9；(3) $(e^t + 2e^{2t} + 3e^{3t})/6$；

　　(4) $(e^{i\omega} + 2e^{2i\omega} + 3e^{3i\omega})/6$；(5)−7/27

18.連續投擲一顆骰子 3 次，求其和的 (1)$E(X)$，(2)$Var(X)$

答 (1)21/2；(2) 35/4

19.投擲一個硬幣 6 次，求出現 (1)0 次，(2)1 次，(3)2 次，
(4)3 次，(5)4 次，(6)5 次，(7)6 次，正面的機率

答 (1)1/64；(2)3/32；(3)15/64；(4)5/16；(5)15/64；
　　(6)3/32；(7)1/64

20.投擲 6 個硬幣 1 次，求出現 (1)2 次（含）以上，(2) 少
於 4 次（不含），正面的機率

答 (1)57/64；(2)21/32

21.設 X 代表投擲 4 個硬幣 1 次出現正面的機率，求
(1)$P(X=3)$，(2)$P(X<2)$，(3)$P(X\leq2)$，(4)$P(1<X\leq3)$

答 (1)1/4；(2)5/16；(3)11/16；(4)5/8

22.在有 5 個小孩的 800 個家庭中，求 (1) 有 3 個男孩，
(2) 有 5 個女孩，(3) 有 2 個或 3 個男孩，的期望值

答 (1)250；(2)25；(3) 500

23.投擲二個公正的骰子 2 次，求 (1) 剛好出現 1 次 11 點
的機率，(2) 出現 2 次 11 點的機率

答 (1)17/162；(2) 1/324

24.投擲二個公正的骰子 3 次，求剛好出現 1 次 9 點的機
率

答 64/243

25.有 10 題是非題測驗題，求至少猜對 6 題（含）以上的
機率

答 193/512

26.二項式分布的 $p = 0.7$，$n = 60$，求其 (1) 平均值，(2) 標
準差

答 (1)42；(2) 3.550

27.求二項式分布的 (1) $\sum (x - \mu)^3 f(x)$，(2) $\sum (x - \mu)^4 f(x)$

答 (1)npq(q − p)；(2) npq(1 − 6pq) + 3n^2p^2q^2

28.一台機器生產的產品有 3% 的瑕疵品，若這台機器生
產出100件產品，請問下列各小題瑕疵品的機率為何？
(1)0 件，(2)1 件，(3)2 件，(4)3 件，(5)4 件，(6)5 件，
瑕疵品

答 (1)0.04979；(2)0.1494；(3)0.2241；(4)0.2241；
(5)0.1680；(6) 0.1008

29. 同上題，請問下列各小題瑕疵品的機率爲何？(1) 超過 5 件，(2) 介於 1 件到 3 件之間，(3) 小於等於 2 件，瑕疵品

    答 (1)0.0838；(2)0.5976；(3)0.4232

30. 一個袋子內有 1 顆紅球，7 顆白球，若從袋子內取出一顆球，記錄其顏色後再放回去，請使用 (1) 二項式分布，(2) 卜瓦松分布趨近二項式分布，取出 8 次，剛好有 3 次是紅球的機率

    答 (1)0.05610；(2) 0.06131

31. 根據統計，在一年內每 10 萬人中有 3 人會發生交通事故，則在 20 萬的人口中，每年發生交通事故的人是 (1) 0 人，(2) 2 人，(3)6 人，(4) 8 人，(5) 介於 4 人到 8 人之間，(6) 少於 3 人，的機率爲何？

    答 (1)0.00248；(2)0.04462；(3)0.1607；(4)0.1033；
    (5)0.6964；(6)0.0620

32. 一個袋子內有 5 顆紅球，10 顆白球，若從袋子內取出 8 顆（不放回去），求 (1)4 顆紅球的機率，(2) 全部白球的機率，(3) 至少一顆紅球的機率

    答 (1)70/429；(2)1/143；(3)142/143

33. 在 52 張撲克牌中抽出 13 張（不放回去），求 (1) 剛好有 6 張穿衣服的牌（即 11, 12 和 13 點牌）的機率，(2) 有 0 張穿衣服的牌的機率

    答 (1) $C(13, 6)C(39, 7)/C(52, 13)$；
    (2) $C(13, 0)C(39, 13)/C(52, 13)$

# 第 **3** 章　連續型隨機變數

## 3.1　連續型隨機變數與其機率分布

1. 【連續隨機變數】在隨機試驗中，若我們所討論的隨機變數是連續數，稱爲連續隨機變數（continuous random variable）。例如：討論電視機的壽命，若隨機變數 X 爲其壽命，則二台電視機的壽命中間還有其他的時間，此隨機變數 X 稱爲連續隨機變數。

2. 【連續隨機變數與離散隨機變數】連續隨機變數與離散隨機變數一些名詞的定義（如期望值、變異數等）均相同，只是離散隨機變數是用「相加」來求其值，而連續隨機變數是用「積分」來求其值。

---

3. 【連續型隨機變數的機率分布】
   (1) 連續隨機變數的機率值函數稱爲此隨機變數的機率密度函數（probability density function，簡稱 pdf）或稱爲密度函數（density function）。
   (2) 若連續隨機變數 X 的機率密度函數爲 $f(x)$，則
   (a) $f(x) \geq 0$（機率密度函數值大於等於 0）
   (b) $\int_{-\infty}^{\infty} f(x)dx = 1$（全部機率密度函數值的和爲 1）
   (c) 要描述連續隨機變數 X 的機率，必須是在二點之間的機率才有意義，即隨機變數 X 在 (a, b) 區間的機率爲：

$$P(a < X < b) = \int_a^b f(x)dx \text{。}$$

（註：在 $X=a$ 點的機率為 $P(a \le X \le a) = \int_a^a f(x)dx = 0$，

無意義）

(d) 在 a, b 二點之間的機率，可表示成（連續型）：

$P(a < X < b)$ 或 $P(a \le X < b)$ 或 $P(a < X \le b)$ 或

$P(a \le X \le b)$

（因為在 $X=a$ 點和 $X=b$ 點的機率均為 0）

註：「機率質量函數 (pmf)」和「機率密度函數 (pdf)」不同

之處在於：

(a) 機率質量函數是針對離散隨機變數定義的，其本身

代表該值的機率；

(b) 機率密度函數是針對連續隨機變數定義的，其本身

不是機率，連續隨機變數的機率密度函數只有在某

區間內進行積分後才是機率。

---

**例 1** 若隨機變數 X 的機率密度函數為

$$f(x) = \begin{cases} kx^2, & 0 < x < 6 \\ 0, & \text{其他地方} \end{cases}$$

求 (1) $k$ 之值？(2) $P(1 < X < 3) = $ ？(3) $P(X < x) = $ ？

**解** (1) 全部機率密度函數值的和為 1

$$\Rightarrow \int_{-\infty}^{\infty} f(x)dx = \int_0^6 kx^2 dx = k\frac{x^3}{3}\bigg|_0^6 = 72k = 1$$

$$\Rightarrow k = \frac{1}{72}$$

(2) $P(1 < X < 3) = \int_1^3 \dfrac{x^2}{72} dx = \dfrac{1}{72 \cdot 3} x^3 \Big|_1^3 = \dfrac{26}{216} = \dfrac{13}{108}$

(3) $P(X < x) = \int_{-\infty}^x f(x)dx = \int_0^x \dfrac{x^2}{72} dx = \dfrac{x^3}{216}$，$0 < x < 6$

例2 若隨機變數 X 的機率密度函數為

$$f(x) = \begin{cases} \dfrac{k}{1+x^2}, & 0 < x < \infty \\ 0, & \text{其他地方} \end{cases}$$

求 (1)$k$ 之值？(2) $P(1 < X^2 < 4) = $？(3) $P(X < x) = $？

解 (1) 全部機率密度函數值的和為 1

$\Rightarrow \int_{-\infty}^{\infty} f(x)dx = \int_0^{\infty} \dfrac{k}{1+x^2} dx = k \tan^{-1} x \Big|_0^{\infty} = \dfrac{\pi}{2} k = 1$

$\Rightarrow k = \dfrac{2}{\pi}$

(2) $1 < X^2 < 4 \Rightarrow 1 < X < 2$

所以 $P(1 < X^2 < 4) = P(1 < X < 2)$

$= \int_1^2 \dfrac{k}{1+x^2} dx = \dfrac{2}{\pi} \tan^{-1} x \Big|_1^2 = \dfrac{2}{\pi} \left( \tan^{-1} 2 - \tan^{-1} 1 \right)$

註：若此題改成 $f(x) = \dfrac{k}{1+x^2}, -\infty < x < \infty$ 時，則

$1 < X^2 < 4 \Rightarrow -2 < X < -1$ 或 $1 < X < 2$，此時積分

變成

$\int_{-2}^{-1} \dfrac{k}{1+x^2} dx + \int_1^2 \dfrac{k}{1+x^2} dx$

(3) $P(X < x) = \int_0^x \dfrac{k}{1+x^2} dx = k \tan^{-1}(x) \Big|_0^x = \dfrac{2}{\pi} \tan^{-1} x$，$0 < x < \infty$

4. 【連續型隨機變數的累積分布函數】

(1) 若連續隨機變數 X 的機率密度函數為 $f(x)$，則其累積
分布函數 $F(x)$ 為

$$F(x) = P(X \le x) = P(-\infty < X \le x) = \int_{-\infty}^{x} f(x)dx$$

（註：上式的 ≤ 也可寫成 <）

(2) 若對第 (1) 式的 $F(x)$ 做微分，可以得到其機率密度函
數 $f(x)$，即

$$\frac{dF(x)}{dx} = f(x)$$

(3) $F(-\infty) = 0$；（數線最左邊點的累積分布函數為 0）

$F(\infty) = 1$；（數線最右邊點的累積分布函數為 1）

(4) $P(x_1 < X \le x_2) = F(x_2) - F(x_1)$

(5) 連續型隨機變數的累積分布函數為一遞增函數

註：(1) 雖然離散隨機變數稱為機率質量函數（pmf），連續
隨機變稱為機率密度函數（pdf）名稱不同，但它們
的累積函數均稱為累積分布函數或稱為分布函數。

(2) 複習微分公式：Leibniz's rule 為

$$\frac{d}{dx}\int_{g(x)}^{h(x)} f(u,x)du = \int_{g(x)}^{h(x)} \frac{\partial f}{\partial x}du + f(h(x),x)\frac{dh(x)}{dx}$$

$$- f(g(x),x)\frac{dg(x)}{dx}$$

（註：因對 $u$ 積分，所以 $h(x)$ 和 $g(x)$ 要放在 $u$ 的位置）

例 3　若隨機變數 X 的累積分布函數為

$$F(x) = \begin{cases} 1 - e^{-2x}, & 0 < x < \infty \\ 0, & 其他地方 \end{cases}$$

求 (1)$X$ 的機率密度函數？(2) $P(-2 < X < 4) = ?$

(3) $P(X > 4) = ?$

解 (1) $f(x) = \dfrac{d}{dx} F(x) = \begin{cases} 2e^{-2x}, & 0 < x < \infty \\ 0, & \text{其他地方} \end{cases}$

(2) $P(-2 < X < 4) = P(0 < X < 4)$（因在 $x < 0$ 時，$f(x) = 0$）

$$= \int_0^4 2e^{-2x}dx = 2\int_0^4 e^{-2x}\frac{d(-2x)}{-2} = -e^{-2x}\Big|_0^4 = 1 - e^{-8}$$

另解 $P(-2 < X < 4) = P(0 < X < 4) = F(4) - F(0)$

$$= (1 - e^{-2\cdot4}) - (1 - e^{-2\cdot0}) = 1 - e^{-8}$$

(3) $P(X > 4) = \int_4^\infty 2e^{-2x}dx = 2\int_4^\infty e^{-2x}\frac{d(-2x)}{-2} = -e^{-2x}\Big|_4^\infty = e^{-8}$

另解 $P(X > 4) = 1 - P(X < 4) = 1 - F(4)$

$$= 1 - (1 - e^{-2\cdot4}) = e^{-8}$$

## 3.2　期望值與變異數

---

5.【期望值】

(1)設 X 為一連續型隨機變數，其機率密度函數為 $f(x)$，則其期望值 $E(X)$ 為：

$$E(X) = \int_{-\infty}^{\infty} xf(x)dx$$

(2)期望值在離散隨機變數有的性質，連續型隨機變數都有，即設 $X$、$Y$ 為二連續型隨機變數，$a, b \in R$ 且 $Y = aX + b$，則

(a) $E(Y) = aE(X) + b$

(b)若 $b = 0$，則 $E(aX) = aE(X)$

(c)若 $a = 0$，則 $E(b) = b$

(d)若 $Z$ 亦為一隨機變數，則 $E(Y \pm Z) = E(Y) \pm E(Z)$

---

例 4　若隨機變數 X 的機率密度函數為

$$f(x) = \begin{cases} \dfrac{2x}{9}, & 0 < x < 3 \\ 0, & 其他地方 \end{cases}$$

(1)求其期望值 $E(X)$？(2) 若 $Y = 2X + 3$，求 $E(Y)$？

(3) 若 $Z = 5$，求 $E(Z)$？

解 (1) $E(X) = \int_{-\infty}^{\infty} xf(x)dx = \int_0^3 x \cdot \dfrac{2x}{9}dx = \dfrac{2}{9} \cdot \dfrac{x^3}{3}\Big|_0^3 = 2$

(2) $E(Y) = E(2X + 3) = 2E(X) + 3 = 2 \cdot 2 + 3 = 7$

(3) $E(Z) = E(5) = 5$

6. 【函數的隨機變數與期望值】設 X 為一連續隨機變數，則 $Y = g(X)$ 也是一連續隨機變數，若 X 的機率密度函數為 $f(x)$，則

(1) Y 的機率密度函數為：

(a) 先求 Y 的累積分布函數，即 $F_Y(y) = P(Y \leq y) = P(g(x) \leq y)$。

(b) $F_Y(y)$ 再對 $x$ 微分即可得到

（註：此題也可以用第 4.3.1 節的變數變換法解）

(2) Y 的期望值為

$$E(Y) = E[g(X)] = \int_{-\infty}^{\infty} g(x)f(x)dx$$

(3) $E[g(x) \pm h(x)] = E[g(x)] \pm E[h(x)]$

例 5 （同例 4）若隨機變數 X 的機率密度函數為

$$f(x) = \begin{cases} \dfrac{2x}{9}, & 0 < x < 3 \\ 0, & \text{其他地方} \end{cases},$$

求期望值 $E(X^2 + X)$？

解 由例 4 知，$E(X) = 2$

$$E(X^2) = \int_{-\infty}^{\infty} x^2 f(x)dx = \int_0^3 x^2 \cdot \frac{2x}{9}dx = \frac{2}{9} \cdot \frac{x^4}{4}\Big|_0^3 = \frac{9}{2}$$

$$E(X^2 + X) = E(X^2) + E(X) = \frac{9}{2} + 2 = \frac{13}{2}$$

另解 $E(X^2 + X) = \int_{-\infty}^{\infty} (x^2 + x)f(x)dx = \int_0^3 (x^2 + x)\frac{2x}{9}dx$

$$= \frac{13}{2}$$

例 6　若連續型隨機變數 X 的機率密度函數為 $f_X(x)$（$-\infty < x < \infty$），求 $Y = |X|$ 的機率密度函數

做法　要求 Y 的機率密度函數，可先求其累積分布函數後再對 $x$ 微分

解　(1) 設 $y \geq 0$，先求 Y 的累積分布函數為

$$F_Y(y) = P(Y \leq y) = P(|X| \leq y)$$
$$= P(-y \leq X \leq y)$$
$$= F_X(y) - F_X(-y)$$

(2) 二邊對 $x$ 微分

$$\Rightarrow f_Y(y)\frac{dy}{dx} = f_X(y)\frac{d}{dx}(y) - f_X(-y)\frac{d}{dx}(-y)$$

$$\Rightarrow f_Y(y) = f_X(y) + f_X(-y)$$

例 7　若連續型隨機變數 X 的機率密度函數為 $f_X(x)$（$-\infty < x < \infty$），求 $Y = X^2$ 的機率密度函數

做法　同例 6

解　(1) 設 $y \geq 0$，先求 Y 的累積分布函數為

$$F_Y(y) = P(Y \leq y) = P(X^2 \leq y)$$

$$= P(-\sqrt{y} \leq X \leq \sqrt{y})$$

$$= F_X(\sqrt{y}) - F_X(-\sqrt{y})$$

(2) 二邊對 $x$ 微分

$$\Rightarrow f_Y(y)\frac{dy}{dx} = f_X(\sqrt{y})\frac{d}{dx}(\sqrt{y}) - f_X(-\sqrt{y})\frac{d}{dx}(-\sqrt{y})$$

$$\Rightarrow f_Y(y)\frac{dy}{dx} = \frac{1}{2\sqrt{y}}f_X(\sqrt{y})\frac{dy}{dx} + \frac{1}{2\sqrt{y}}f_X(-\sqrt{y})\frac{dy}{dx}$$

$$\Rightarrow f_Y(y) = \frac{1}{2\sqrt{y}}[f_X(\sqrt{y}) + f_X(-\sqrt{y})]$$

7.【變異數與標準差】

(1) 設 X 為一連續型隨機變數，其機率密度函數為 $f(x)$ 且期望值 $E(X)=\mu$，則其變異數 Var(X) 為：

$$\text{Var}(X) = \text{E}[(X-\mu)^2] = \int_{-\infty}^{\infty}(x-\mu)^2 f(x)dx$$

(2) 變異數在離散隨機變數有的性質，連續型隨機變數都有，即

(a) 變異數也可表示成

$$\text{Var}(X) = \text{E}(X^2) - [E(X)]^2 = E(X^2) - \mu^2$$

(b) 標準差 $\sigma_X = \sqrt{Var(X)}$

(c) 若 $Y = aX + b$，$a, b \in R$，則 $Var(Y) = a^2 Var(X)$

(d) 隨機變數 X 的標準化為：$Z = \dfrac{X-\mu}{\sigma}$，此時

(i) $E(Z) = 0$（期望值 = 0）

(ii) $Var(Z) = 1$（變異數 = 1）

例 8 （同例 4）若隨機變數 X 的機率密度函數為

$$f(x) = \begin{cases} \dfrac{2x}{9}, & 0 < x < 3 \\ 0, & \text{其他地方} \end{cases}$$

(1) 求 X 的變異數 Var(X)？ (2) 求 X 的標準差 $\sigma_X$？

(3) 求 $Y = 2X + 3$ 的變異數 Var(Y)？標準差 $\sigma_Y$？

解 （由例 5 知）$E(X) = 2$，$E(X^2) = \dfrac{9}{2}$

(1) 變異數也可表示成

$$\text{Var}(X) = \text{E}(X^2) - [E(X)]^2 = \frac{9}{2} - (2)^2 = \frac{1}{2}$$

(2) 標準差 $\sigma_X = \sqrt{Var(X)} = \sqrt{\dfrac{1}{2}}$

(3) $Var(Y) = 2^2 \cdot Var(X) = 4 \cdot \dfrac{1}{2} = 2$

$\sigma_Y = \sqrt{Var(Y)} = \sqrt{2}$

**例 9** 若連續隨機變數 X 的機率密度函數為

$$f(x) = \begin{cases} e^{-x}, x > 0 \\ 0, x \le 0 \end{cases},$$

求 (1)$E(X)$？(2)$E(X^2)$？(3) 變異數？(4) 標準差？

**解** (1) $E(X) = \displaystyle\int_{-\infty}^{\infty} xf(x)dx = \int_{0}^{\infty} x \cdot e^{-x}dx = \left[ -xe^{-x} - e^{-x} \right]_{0}^{\infty} = 1$

(2) $E(X^2) = \displaystyle\int_{-\infty}^{\infty} x^2 f(x)dx = \int_{0}^{\infty} x^2 \cdot e^{-x}dx$

$= \left[ -x^2 e^{-x} - 2xe^{-x} - 2e^{-x} \right]_{0}^{\infty} = 2$

(3) 變異數 $Var(X) = E(X^2) - [E(X)]^2 = 2 - 1^2 = 1$

(4) 標準差 $\sigma_X = \sqrt{Var(X)} = 1$

## 3.3 動差、動差母函數與特徵函數

8. 【第 r 階動差、動差母函數、特徵函數】設連續型隨機變
數 X 的機率密度函數爲 $f(x)$ 且期望值爲 $\mu$，

(1) 設 $c \in R$，則其相對於 $c$ 值的第 $r$ 階動差（the r-th
moment）定義爲：

$$\mu_r = E[(X-c)^r] = \int_{-\infty}^{\infty} (x-c)^r f(x)dx$$

(a) 第 r 階中心動差（the r-th central moment）爲：

$$\mu_r = E[(X-\mu)^r] = \int_{-\infty}^{\infty} (x-\mu)^r f(x)dx \ （註：c 代 \mu）$$

(b) 相對於原點的第 $r$ 階動差爲：

$$\mu_r' = E[X^r] = \int_{-\infty}^{\infty} x^r f(x)dx \ （註：c 代 0）$$

(2) 動差母函數（mgf）爲：

$$M_X(t) = E(e^{tX}) = \int_{-\infty}^{\infty} e^{tx} f(x)dx$$

(3) 特徵函數爲：

$$\phi_X(\omega) = M_X(i\omega) = E(e^{iwX}) = \int_{-\infty}^{\infty} e^{i\omega x} f(x)dx$$

例 10 若隨機變數 X 的機率密度函數爲

$$f(x) = \begin{cases} x/2 & ,0 < x < 2 \\ 0, & 其他地方 \end{cases}$$

求：(1) 相對於原點的前 2 階的動差？(2) 相對於 $\mu$ 的前
2 階的動差（也就是前 2 階的中心動差）？(3) 動差
母函數？(4) 特徵函數？

解 (1) 相對於原點的第 r 階動差爲：

$$\mu'_r = E[X^r] = \int_{-\infty}^{\infty} x^r f(x)dx$$

(a) $\mu'_1 = \int_{-\infty}^{\infty} xf(x)dx = \int_0^2 x \cdot \frac{x}{2}dx = \frac{1}{2}\left(\frac{x^3}{3}\right)\Bigg|_0^2 = \frac{4}{3}$

(b) $\mu'_2 = \int_{-\infty}^{\infty} x^2 f(x)dx = \int_0^2 x^2 \cdot \frac{x}{2}dx = \frac{1}{2}\left(\frac{x^4}{4}\right)\Bigg|_0^2 = 2$

(2) 第 r 階中心動差為：

$$\mu_r = E[(X - \mu)^r] = \int_{-\infty}^{\infty} (x - \mu)^r f(x)dx$$

而 $\mu = \mu'_1 = 4/3$

(a) $\mu_1 = E[(X - \mu)] = E(X) - \mu = 0$

(b) $\mu_2 = E[(X - \mu)^2] = \int_{-\infty}^{\infty} (x - \mu)^2 f(x)dx$

$$= \int_0^2 (x - \frac{4}{3})^2 \cdot \frac{x}{2}dx = \frac{2}{9}$$

（註：前 3 階中心動差值為 $\mu_0 = 1$，$\mu_1 = 0$，$\mu_2 = \sigma^2$）

(3) 動差母函數

$$M_X(t) = E(e^{tX}) = \int_{-\infty}^{\infty} e^{tx} f(x)dx$$

$$= \int_0^2 e^{tx} \cdot \frac{x}{2}dx = \frac{1}{2}\left[\frac{1}{t}xe^{tx} - \frac{1}{t^2}e^{tx}\right]_0^2 = \frac{1}{2}\left[\frac{2e^{2t}}{t} - \frac{e^{2t}}{t^2} + \frac{1}{t^2}\right]$$

(4) 特徵函數

$$\phi_X(t) = M_X(i\omega) = \int_{-\infty}^{\infty} e^{i\omega x} f(x)dx$$

$$= \int_0^2 e^{i\omega x} \cdot \frac{x}{2} dx = \frac{1}{2} \left[ \frac{1}{i\omega} x e^{i\omega x} - \frac{1}{(i\omega)^2} e^{iwx} \right]_0^2$$

$$= \frac{1}{2} \left[ \frac{2e^{2i\omega}}{i\omega} - \frac{e^{2i\omega}}{(i\omega)^2} + \frac{1}{(i\omega)^2} \right] \text{（註：動差母函數的 } t \text{ 用 } i\omega \text{ 代）}$$

$$= \frac{1}{2\omega^2} \left[ (2\omega \sin 2\omega + \cos 2\omega - 1) + i(\sin 2\omega - 2\omega \cos 2\omega) \right]$$

**例 11** 若隨機變數 X 的機率密度函數為

$$f(x) = \begin{cases} 4e^{-4x}, x > 0 \\ 0, x \le 0 \end{cases}$$

求：(1) 動差母函數 $M(t)$？(2) 利用 $M(t)$ 的展開式求其相對於原點的前 4 階的動差？

**做法** 由 $M(t) = 1 + \mu t + \mu_2' \frac{t^2}{2!} + \mu_3' \frac{t^3}{3!} + \mu_4' \frac{t^4}{4!} + \cdots$ 展開式解

**解** (1) 動差母函數（mgf）為：

$$M(t) = E(e^{tX}) = \int_{-\infty}^{\infty} e^{tx} f(x) dx = \int_0^{\infty} e^{tx} \cdot 4e^{-4x} dx$$

$$= 4 \int_0^{\infty} e^{(t-4)x} \cdot \frac{d[(t-4)x]}{(t-4)} = \frac{4e^{(t-4)x}}{(t-4)} \bigg|_{x=0}^{\infty} = \frac{4}{4-t} \text{（t 要小於 4）}$$

(2) 若 $|t| < 4$，由泰勒級數知：

$$M(t) = \frac{4}{4-t} = \frac{1}{1-t/4} = 1 + \frac{t}{4} + \left(\frac{t}{4}\right)^2 + \left(\frac{t}{4}\right)^3 + \left(\frac{t}{4}\right)^4 + \cdots$$

而 $M(t) = 1 + \mu t + \mu_2' \frac{t^2}{2!} + \mu_3' \frac{t^3}{3!} + \mu_4' \frac{t^4}{4!} + \cdots$

比較 t 係數得：$\mu = \dfrac{1}{4}$，$\mu_2' = 2! \cdot \left(\dfrac{1}{4}\right)^2 = \dfrac{1}{8}$，

$$\mu_3' = 3! \cdot \left(\dfrac{1}{4}\right)^3 = \dfrac{3}{32}，\quad \mu_4' = 4! \cdot \left(\dfrac{1}{4}\right)^4 = \dfrac{3}{32}$$

## 3.4 常見的連續型機率分布函數

> 9.【連續型機率分布】本章剩下的單元將介紹幾種常見的連
> 續型機率分布，有：
>
> (1)均勻分布（uniform distribution）
>
> (2)常態分布（normal distribution）或稱爲高斯分布
> （Gaussian distribution）
>
> (3)指數分布（exponential distribution）
>
> (4)柯西分布（Cauchy distribution）
>
> (5)伽瑪分布（gamma distribution）

### 3.4.1 均勻分布

> 10.【均勻分布】
>
> (1)若隨機變數 X 的機率密度函數爲（見下圖）
>
> $$f(x) = \begin{cases} \dfrac{1}{b-a}, & a \le x \le b \\ 0, & \text{其他地方} \end{cases}$$
>
> 此種分布稱爲均勻分布（uniform distribution）
>
>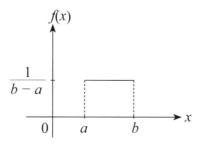
>
> (2)均勻分布（連續型）也可表示成 $X \sim U(a, b)$，其中 $(a, b)$
> 爲其參數。

11.【**期望值、變異數、動差母函數、特徵函數**】均勻分布
（連續型）的

(a) 期望值為 $\mu = \dfrac{1}{2}(a+b)$

(b) 變異數為 $\sigma^2 = \dfrac{1}{12}(b-a)^2$

(c) 動差母函數 $M(t) = \dfrac{e^{tb} - e^{ta}}{t(b-a)}$

(d) 特徵函數 $\phi(\omega)$　$M(t) = \dfrac{e^{iwb} - e^{iwa}}{iw(b-a)}$

12.【**累積機率分布**】均勻分布（連續型）的累積分布為

$$F(x) = \begin{cases} 0, & x < a \\ \dfrac{x-a}{b-a}, & a \le x < b \\ 1, & x \ge b \end{cases}$$

例 12 隨機變數 X 的機率密度函數為

$$f(x) = \begin{cases} \dfrac{1}{10}, & 0 \le x \le 10 \\ 0, & \text{其他地方} \end{cases}$$

求其 (1) 期望值為？(2) 變異數為？

解 它是均勻分布，所以

(1) 期望值為 $\mu = \dfrac{1}{2}(a+b) = \dfrac{1}{2}(0+10) = 5$

(2) 變異數為 $\sigma^2 = \dfrac{1}{12}(b-a)^2 = \dfrac{1}{12}(10-0)^2 = \dfrac{25}{3}$

例 13 試證：均勻分布的 (1) 期望值為 $\mu = \dfrac{1}{2}(a+b)$，(2) 變異數為 $\sigma^2 = \dfrac{1}{12}(b-a)^2$，(3) 動差母函數 $M(t) = \dfrac{e^{tb} - e^{ta}}{t(b-a)}$

證明 (1) 期望值為

$$E(X) = \mu = \int_a^b x \cdot \frac{1}{b-a} dx = \left.\frac{x^2}{2(b-a)}\right|_a^b = \frac{b^2 - a^2}{2(b-a)} = \frac{1}{2}(a+b)$$

(2) $E(X^2) = \int_a^b x^2 \cdot \dfrac{1}{b-a} dx = \left.\dfrac{x^3}{3(b-a)}\right|_a^b = \dfrac{b^3 - a^3}{3(b-a)}$

$$= \frac{1}{3}(b^2 + ab + a^2)$$

變異數為 $\sigma^2 = E[(X - \mu)^2] = E(X^2) - \mu^2$

$$= \frac{1}{3}(b^2 + ab + a^2) - \left[\frac{1}{2}(a+b)\right]^2$$

$$= \frac{1}{12}(b-a)^2$$

(3) $M(t) = E(e^{tx}) = \int_a^b e^{tx} f(x) dx = \int_a^b \dfrac{e^{tx}}{b-a} dx$

$$= \frac{1}{b-a} \int_a^b e^{tx} \frac{d(tx)}{t} = \frac{1}{(b-a)t} \left. e^{tx}\right|_a^b = \frac{e^{tb} - e^{ta}}{(b-a)t}$$

## 3.4.2 常態分布

13.【常態分布】

(1) 常態分布（或稱為高斯分布）的機率密度函數為：

$$f(x) = \frac{1}{\sqrt{2\pi}\sigma} e^{-(x-\mu)^2/(2\sigma^2)} \text{ , } -\infty < x < \infty$$

其中 $\mu$ 和 $\sigma$ 分別是期望值和標準差

(2) 常態分布可表示成 $X \sim N(\mu, \sigma^2)$，其中 $(\mu, \sigma^2)$ 爲其參數。

(3) 常態分布的機率密度函數爲一鐘形（bell-shaped）曲線（見下圖），且此曲線對稱於直線 $x = \mu$，若 $\sigma$ 較小（表示資料較集中），則鐘會比較窄、高、峰較尖；若 $\sigma$ 較大（表示資料較分散），則鐘會比較寬、底、峰較平。

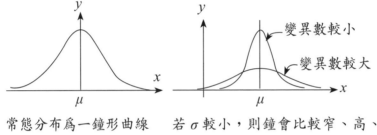

常態分布爲一鐘形曲線　　若 $\sigma$ 較小，則鐘會比較窄、高、峰較尖

14.【常態分布的累積分布函數】常態分布的累積分布函數

$$F(x) = P(X \le x) = \frac{1}{\sqrt{2\pi}\sigma} \int_{-\infty}^{x} e^{-(v-\mu)^2/(2\sigma^2)} dv$$

15.【常態分布的標準化】

(1) 若隨機變數 Z 爲：$Z = \dfrac{X - \mu}{\sigma}$，

則 Z 稱爲 X 的標準隨機變數。

(2) 此時 Z 的期望值（$\mu$）爲 0，標準差（$\sigma$）爲 1，且標準常態分布的機率密度函數爲：

$$f(z) = \frac{1}{\sqrt{2\pi}} e^{-z^2/2}$$

(3) 標準常態分布的圖形如下：

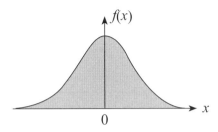

其中：

(a) 此圖形 y 軸左右兩邊對稱

(b) 因灰色面積為 1 （$\int_{-\infty}^{\infty} f(x)dx = 1$），其左半部和右半部的面積均為 1/2

(4) (a) 標準常態分布的累積分布函數為

$$F(z) = P(Z \le z) = \frac{1}{\sqrt{2\pi}} \int_{-\infty}^{z} e^{-v^2/2} dv$$

(b) 若 $z>0$，則 $F(z) = \frac{1}{2} + \frac{1}{\sqrt{2\pi}} \int_{0}^{z} e^{-v^2/2} dv$（積分下限為 0）

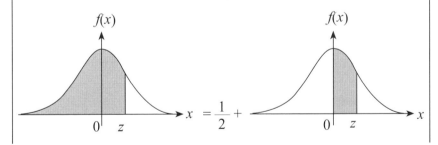

(c) $F(-z) = 1 - F(z)$（註：圖形左右二邊對稱）

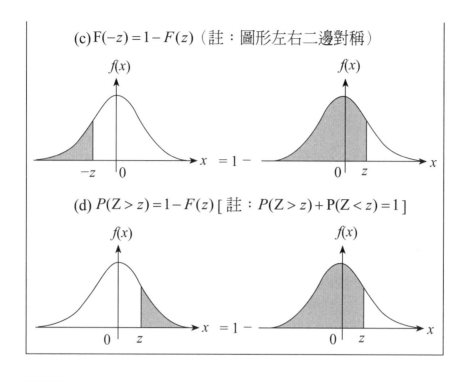

(d) $P(Z > z) = 1 - F(z)$ [ 註：$P(Z > z) + P(Z < z) = 1$ ]

例 14　試證：若隨機變數 X 為常態分布，即 $X \sim N(\mu, \sigma^2)$，則

$$\int_{-\infty}^{\infty} f(x)dx = \int_{-\infty}^{\infty} \frac{1}{\sqrt{2\pi}\sigma} e^{-(x-\mu)^2/(2\sigma^2)} dx = 1$$

證明　$\displaystyle \int_{-\infty}^{\infty} f(x)dx = \frac{1}{\sqrt{2\pi}\sigma} \int_{-\infty}^{\infty} e^{-(x-\mu)^2/(2\sigma^2)} dx \cdots\cdots(A)$

令 $y = (x - \mu)/\sigma \Rightarrow dx = \sigma dy$

$(A)$式 $= \dfrac{1}{\sqrt{2\pi}} \displaystyle\int_{-\infty}^{\infty} e^{-y^2/2} dy$（註：此步驟即為標準化過程）

令 $I = \displaystyle\int_{-\infty}^{\infty} e^{-y^2/2} dy$，則

$$I^2 = \int_{-\infty}^{\infty} e^{-y^2/2} dy \cdot \int_{-\infty}^{\infty} e^{-x^2/2} dx$$

$$= \int_{-\infty}^{\infty} \int_{-\infty}^{\infty} e^{-(x^2+y^2)/2} dy dx$$

令 $x = r \cos\theta$ ， $y = r \sin\theta \Rightarrow dydx = rd\theta dr$ ，則

$$I^2 = \int_0^\infty \int_0^{2\pi} re^{-r^2/2} d\theta dr$$

$$= 2\pi \int_0^\infty re^{-r^2/2} dr = -2\pi e^{-r^2/2} \mid_0^\infty = 2\pi$$

$$\Rightarrow I = \sqrt{2\pi} \Rightarrow (A)式 = \frac{1}{\sqrt{2\pi}} \cdot \sqrt{2\pi} = 1$$

16.【標準常態分布查表法】

(1) 通常會以查表法來計算標準常態分布的累積分布函數，附錄一的表格是

$$P(0 < X < z) = \frac{1}{\sqrt{2\pi}} \int_0^z e^{-v^2/2} dv$$

在不同 z 值（取到小數點第 2 位）的積分結果。

(2) 若 $P(0 < X < z)$ 的 $z = a.bc$ 時（其中 $z > 0$，且積分從 0 積到 z），則附錄一的表格中

(a) 最左邊一行（column）是 $z = a.bc$ 中的 $a.b$ 值

(b) 最上面一列（row）是 $z = a.bc$ 中的 $c$ 值

(c)「$a.b$ 值」的那一列和「$c$ 值」那一行的交會點就是 $z = a.bc$ 的 $P(0 < X < z)$ 之值

(3) 用查表法來計算累積分布函數時，因表格只在 $z \in [0, \infty)$ 有值，且圖形對 y 軸左右兩邊對稱，且其左半部和右半部的面積均為 0.5，有時候要先轉換後才能查表。

(4) 若 $0 < a < b$，查表常見的情況有（讀者可以畫圖算，會比較清楚）：

(a) 求 $P(Z < -a)$ 時：

$$P(Z<-a)=0.5-P(0<Z<a)$$

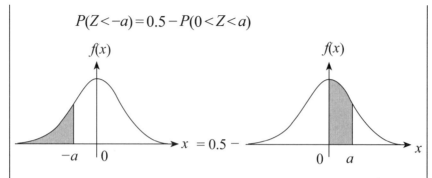

$$=0.5-$$

(b)求 $P(Z>-a)$ 時：

$$P(Z>-a)=0.5+P(0<Z<a)$$

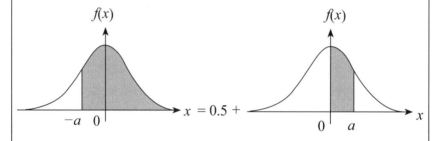

$$=0.5+$$

(c) $P(Z<a)$ 時：

$$P(Z<a)=0.5+P(0<Z<a)$$

(d)求 $P(Z>a)$ 時：

$$P(Z>a)=0.5-P(0<Z<a)$$

(e)求 $P(-b<Z<-a)$ 時：

$$P(-b<Z<-a)=P(a<Z<b)=P(0<Z<b)-P(0<X<a)$$

(f)求 $P(-b<Z<a)$ 時：

$$P(-b<Z<a)=P(0<Z<b)+P(0<Z<a)$$

(g)求 $P(a<Z<b)$ 時：

$$P(a<Z<b)=P(0<Z<b)-P(0<Z<a)$$

(3) 標準常態分布的標準差在 1,2,3 內的機率值為（見下圖，下圖小數點第 2 位是經過四捨五入的結果）

(a) $P(-1 \leq Z \leq 1) = 2P(0 \leq Z \leq 1) = 2 \cdot 0.3413 = 0.6826$

(b) $P(-2 \leq Z \leq 2) = 2P(0 \leq Z \leq 2) = 2 \cdot 0.4772 = 0.9544$

(c) $P(-3 \leq Z \leq 3) = 2P(0 \leq Z \leq 3) = 0.9972$；

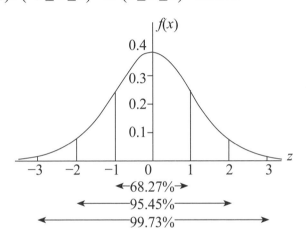

例 15 在標準常態分布中，利用查表法求下列之值：

(1) $P(0 < Z < 1.78)$；(2) $P(-1.45 < Z < 0)$；(3) $P(Z < -1.54)$；

(4) $P(Z < 0.24)$；　　(5) $P(Z > -1.54)$；　　(6) $P(Z > 0.24)$；

(7) $P(-2.11 < Z < -1.78)$；(8) $P(-2.11 < Z < 1.78)$；

(9) $P(1.78 < Z < 2.11)$

解 先查表將會用到的值找出來，$P(0 < Z < 1.78) = 0.4625$；

$P(0 < Z < 1.45) = 0.4265$；$P(0 < Z < 1.54) = 0.4382$；

$P(0 < Z < 0.24) = 0.0948$；$P(0 < Z < 2.11) = 0.4826$

(1) $P(0 < Z < 1.78) = 0.4625$

(2) $P(-1.45 < Z < 0) = P(0 < Z < 1.45) = 0.4265$

(3) $P(Z<-1.54)=P(Z>1.54)=0.5-P(0<Z<1.54)$
$$=0.5-0.4382=0.0618$$

(4) $P(Z<0.24)=0.5+P(0<Z<0.24)=0.5+0.0948=0.5948$

(5) $P(Z>-1.54)=0.5+P(0<Z<1.54)=0.5+0.4382=0.9382$

(6) $P(Z>0.24)=0.5-P(0<Z<0.24)=0.5-0.0948=0.4052$

(7) $P(-2.11<Z<-1.78)=P(0<Z<2.11)-P(0<Z<1.78)$
$$=0.4826-0.4625=0.0201$$

(8) $P(-2.11<Z<1.78)=P(0<Z<2.11)+P(0<Z<1.78)$
$$=0.4826+0.4625=0.9451$$

(9) $P(1.78<Z<2.11)=P(0<Z<2.11)-P(0<Z<1.78)$
$$=0.4826-0.4625=0.0201$$

例 16　在標準常態分布中，利用查表法求 $a$ 之值：

(1) $P(0\leq Z\leq a)=0.3531$；(2) $P(Z\leq a)=0.7088$；

(3) $P(Z\leq a)=0.2088$；　　(4) $P(-1.21\leq Z\leq a)=0.5533$；

(5) $P(-2.21\leq Z\leq a)=0.3533$

解 (1) $P(0\leq Z\leq a)=0.3531$，直接查表得 $a=1.05$

(2) $P(Z\leq a)=0.7088\Rightarrow 0.5+P(0\leq Z\leq a)=0.7088$

　　（因機率值 $=0.7088>0.5$，表示 $a>0$）

　　$\Rightarrow P(0\leq Z\leq a)=0.2088$，直接查表得 $a=0.55$

(3) $P(Z\leq a)=0.2088$

　　（因機率值 $=0.2088<0.5$，表示 $a<0$）

　　$\Rightarrow P(Z>-a)=0.2088$

　　$\Rightarrow 0.5-P(0\leq Z\leq-a)=0.2088$

　　$\Rightarrow P(0\leq Z\leq-a)=0.2912$，直接查表得 $-a=0.81$

　　$\Rightarrow a=-0.81$

(4) $P(-1.21 \leq Z \leq a) = 0.5533$

（因機率值 $= 0.5533 > 0.5$，表示 $a > 0$）

$\Rightarrow P(0 \leq Z \leq 1.21) + P(0 \leq Z \leq a) = 0.5533$

$\Rightarrow 0.3869 + P(0 \leq Z \leq a) = 0.5533 \Rightarrow P(0 \leq Z \leq a) = 0.1664$，

直接查表得 $a = 0.43$

(5) $P(-2.21 \leq Z \leq a) = 0.3533$（假設 $a > 0$）

$\Rightarrow P(-2.21 \leq Z \leq 0) + P(0 \leq Z \leq a) = 0.3533$

$\Rightarrow 0.4864 + P(0 \leq Z \leq a) = 0.3533$

$P(0 \leq Z \leq a) = -0.1331$（負號不合，表示 $a < 0$）

$P(-2.21 \leq Z \leq a) = 0.3533$

$\Rightarrow P(0 \leq Z \leq 2.21) - P(0 \leq Z \leq -a) = 0.3533$

$\Rightarrow 0.4864 - P(0 \leq Z \leq -a) = 0.3533$

$\Rightarrow P(0 \leq Z \leq -a) = 0.1331$

$\Rightarrow -a = 0.34 \Rightarrow a = -0.34$

或查表 $P(0 \leq Z \leq 2.21) = 0.4864 > 0.3533$，表示 $a < 0$

例 17 在 1000 人中，若其身高為常態分布，且其平均身高為 168 公分，標準差為 6 公分，求 (1) 身高介於 165 公分到 175 公分約有幾人？(2) 身高大於 180 公分約有幾人？

解 (1) 令隨機變數 X 為學生的身高，因平均值 $\mu = 168$，標準差 $\sigma = 6$，則標準隨機變數

$$Z = \frac{X - \mu}{\sigma} = \frac{X - 168}{6}$$

(a) 當 $X = 165$ 時，$Z = \dfrac{X - \mu}{\sigma} = \dfrac{165 - 168}{6} = -0.5$

(b) 當 $X = 175$ 時，$Z = \dfrac{X - \mu}{\sigma} = \dfrac{175 - 168}{6} = 1.17$

$$P(-0.5 \leq Z \leq 1.17) = P(0 \leq Z \leq 0.5) + P(0 \leq Z \leq 1.17)$$
$$= 0.1915 + 0.3790 = 0.5705$$

所以身高介於 165 公分到 175 公分約有
$1000 \times 0.5705 \approx 571$ 人

(2) 當 $X = 180$ 時，$Z = \dfrac{X - \mu}{\sigma} = \dfrac{180 - 168}{6} = 2$

$$P(Z \geq 2) = 0.5 - P(0 \leq Z \leq 2)$$
$$= 0.5 - 0.4772 = 0.0228$$

所以身高大於 180 公分約有 $1000 \times 0.0228 \approx 23$ 人

例 18 一個年級有 300 人，若其成績爲常態分布，且其平均成績爲 62 分，標準差爲 10 分，求 (1) 成績介於 65 分到 75 分約有幾人？(2) 成績大於 90 分約有幾人？(3) 成績小於 60 分約有幾人？

解 (1) 令隨機變數 X 爲學生的成績，因平均值 $\mu = 62$，標準差 $\sigma = 10$，則標準隨機變數

$$Z = \frac{X - \mu}{\sigma} = \frac{X - 62}{10}$$

(a) 當 $X = 65$ 時，$Z = \dfrac{X - \mu}{\sigma} = \dfrac{65 - 62}{10} = 0.3$

(b) 當 $X = 75$ 時，$Z = \dfrac{X - \mu}{\sigma} = \dfrac{75 - 62}{10} = 1.3$

$$P(0.3 \leq Z \leq 1.3) = P(0 \leq Z \leq 1.3) - P(0 \leq Z \leq 0.3)$$
$$= 0.4032 - 0.1179 = 0.2853$$

所以成績介於 65 分到 75 分約有 $300 \times 0.2853 \approx 86$ 人

(2) 當 $X=90$ 時，$Z = \dfrac{X-\mu}{\sigma} = \dfrac{90-62}{10} = 2.8$

$P(Z \geq 2.8) = 0.5 - P(0 \leq Z \leq 2.8)$

$\qquad\qquad = 0.5 - 0.4974 = 0.0026$

所以成績大於 90 分約有 $300 \times 0.0026 \approx 1$ 人

(3) 當 $X=60$ 時，$Z = \dfrac{X-\mu}{\sigma} = \dfrac{60-62}{10} = -0.2$

$P(Z \leq -0.2) = 0.5 - P(0 \leq Z \leq 0.2) = 0.5 - 0.0793$

$\qquad\qquad = 0.4207$

所以成績小於 60 分約有 $300 \times 0.4207 \approx 126$ 人

---

17.【期望值、變異數、標準差、動差母函數、特徵函數】

常態分布的

(1) 期望值 $E(X) = \mu$

(2) 變異數 $Var(X) = \sigma^2$

(3) 標準差 $= \sigma$

(4) 動差母函數 $M(t) = e^{\mu t + (\sigma^2 t^2)/2}$

(5) 特徵函數 $\phi(\omega) = e^{i\mu\omega - (\sigma^2 \omega^2)/2}$

---

例 19 若隨機變數 X 為常態分布，試證

(1) 期望值 $E(X) = \mu$

(2) 變異數 $Var(X) = \sigma^2$

證明 (1) 令隨機變數 $Z = \dfrac{X-\mu}{\sigma}$，則 $f(z) = \dfrac{1}{\sqrt{2\pi}} e^{-z^2/2}$

$$E[Z] = \int_{-\infty}^{\infty} zf(z)dz = \frac{1}{\sqrt{2\pi}} \int_{-\infty}^{\infty} ze^{-z^2/2}dz$$

$$= \frac{1}{\sqrt{2\pi}} e^{-z^2/2} \mid_{-\infty}^{\infty} = 0$$

$$E[Z] = E[\frac{X-\mu}{\sigma}] = \frac{1}{\sigma}E[X] - \frac{\mu}{\sigma} = 0$$

$$\Rightarrow E[X] = \mu$$

(2) $Var[Z] = \int_{-\infty}^{\infty} z^2 f(z)dz = \frac{1}{\sqrt{2\pi}} \int_{-\infty}^{\infty} z^2 e^{-z^2/2}dz$

（利用分部積分，取 z 微分，$ze^{-z^2/2}$ 積分）

$$= \frac{1}{\sqrt{2\pi}}[-ze^{-z^2/2}\mid_{-\infty}^{\infty} + \int_{-\infty}^{\infty} e^{-z^2/2}dz]$$

$$= \frac{1}{\sqrt{2\pi}} \int_{-\infty}^{\infty} e^{-z^2/2}dz = 1 \text{（請參閱例 14 計算）}$$

$$Var[Z] = Var[\frac{X-\mu}{\sigma}] = \frac{1}{\sigma^2}Var[X] = 1$$

$$\Rightarrow Var[X] = \sigma^2$$

**例 20** 試證：(1) 常態分布的動差母函數 $M(t) = e^{\mu t + (\sigma^2 t^2)/2}$，
(2) 利用 (1) 的結果，證明 $E(X) = \mu$，$Var(X) = \sigma^2$

**證明** (1) 動差母函數 $M(t) = E(e^{tX}) = \frac{1}{\sqrt{2\pi}\sigma} \int_{-\infty}^{\infty} e^{tx} e^{-(x-\mu)^2/(2\sigma^2)}dx$

令 $v = \frac{x-\mu}{\sigma} \Rightarrow x = \mu + \sigma v$ 且 $dx = \sigma dv$（代入上式）

$$M(t) = \frac{1}{\sqrt{2\pi}} \int_{-\infty}^{\infty} e^{\mu t + \sigma v t - (v^2/2)}dv = \frac{e^{\mu t + (\sigma^2 t^2/2)}}{\sqrt{2\pi}} \int_{-\infty}^{\infty} e^{-(v-\sigma t)^2/2}dv$$

（註：$e$ 的指數加 $\sigma^2 t^2/2$，減 $\sigma^2 t^2/2$ 得到）

$$令\ w = v - \sigma t \Rightarrow \mathrm{M(t)} = \frac{e^{\mu t + (\sigma^2 t^2)/2}}{\sqrt{2\pi}} \int_{-\infty}^{\infty} e^{-w^2/2} dw = e^{\mu t + (\sigma^2 t^2)/2}$$

(2) $\dfrac{dM(0)}{dt} = e^{\mu t + (\sigma^2 t^2)/2} \cdot (\mu + \sigma^2 t)\big|_{t=0} = \mu$

$\qquad \Rightarrow E(x) = \mu$

(3) $\dfrac{d^2 M(0)}{dt^2} = \left[ e^{\mu t + (\sigma^2 t^2)/2} \cdot (\mu + \sigma^2 t)^2 + e^{\mu t + (\sigma^2 t^2)/2} \cdot \sigma^2 \right]_{t=0} = \mu^2 + \sigma$

$\qquad \Rightarrow Var(X) = \dfrac{d^2 M(0)}{dt^2} - \mu^2 = \sigma^2$

---

18.【二項式分布接近常態分布】

(1) 當二項式分布 $P(X = i) = C(n,i) p^i q^{n-i}$ 中的 $n$ 很大，且 $p$ 和 $q$ 都不接近 0 時，若將二項式分布的隨機變數 $X$ 改成

$$Z = \frac{X - np}{\sqrt{npq}}$$

，則此二項式分布就會非常接近常態分布，也就是 $B(n, p)$ 近似 $N(\mathrm{np}, npq)$。（即當 $np$ 和 $nq$ 均大於 5 時，此二種分布就很相似了）

(2) 此時二項式分布可以趨近於常態分布，即

$$\lim_{n \to \infty} P\left( a \le \frac{X - np}{\sqrt{npq}} \le b \right) \approx \frac{1}{\sqrt{2\pi}} \int_a^b e^{-u^2/2} du$$

也就是標準隨機變數 $Z = \dfrac{X - np}{\sqrt{npq}}$ 非常接近常態分布

例 21　投擲一公正的硬幣 10 次，令其出現正面的次數為 X，分別用 (1) 二項式分布和 (2) 常態分布法，求 $3 \leq X \leq 7$ 的機率？

解　(1) 二項式分布：

(a) $P(X = 3) = C(10,3)\left(\dfrac{1}{2}\right)^3\left(\dfrac{1}{2}\right)^7 = \dfrac{120}{1024}$

(b) $P(X = 4) = C(10,4)\left(\dfrac{1}{2}\right)^4\left(\dfrac{1}{2}\right)^6 = \dfrac{210}{1024}$

(c) $P(X = 5) = C(10,5)\left(\dfrac{1}{2}\right)^5\left(\dfrac{1}{2}\right)^5 = \dfrac{252}{1024}$

(d) $P(X = 6) = C(10,6)\left(\dfrac{1}{2}\right)^6\left(\dfrac{1}{2}\right)^4 = \dfrac{210}{1024}$

(e) $P(X = 7) = C(10,7)\left(\dfrac{1}{2}\right)^7\left(\dfrac{1}{2}\right)^3 = \dfrac{120}{1024}$

所以 $P(3 \leq X \leq 7) = \dfrac{120}{1024} + \dfrac{210}{1024} + \dfrac{252}{1024} + \dfrac{210}{1024} + \dfrac{120}{1024}$

$$= \dfrac{912}{1024} = 0.8906$$

(2) 常態分布：

(a) 此題二項式分布的期望值 $\mu = np = 10 \cdot \dfrac{1}{2} = 5$

標準差 $\sigma = \sqrt{npq} = \sqrt{10 \cdot \dfrac{1}{2} \cdot \dfrac{1}{2}} = 1.5811$

(b) 因此題是離散型隨機變數，但常態分布是連續型分布，要將離散型隨機變數套到連續型

分布上，須取離散型隨機變數相鄰二數的中間位置，即離散型 $P(3 \leq X \leq 7)$ 改成連續型為 $P(2.5 \leq X \leq 7.5)$

(c) 將隨機變數 X 標準化成隨機變數 $Z = \dfrac{X - \mu}{\sigma}$

(i) 當 $X = 2.5$ 時，$Z = \dfrac{X - \mu}{\sigma} = \dfrac{2.5 - 5}{1.5811} = -1.5812$

(ii) 當 $X = 7.5$ 時，$Z = \dfrac{X - \mu}{\sigma} = \dfrac{7.5 - 5}{1.5811} = 1.5812$

$$P(-1.5812 \leq Z \leq 1.5812) = 2P(0 \leq Z \leq 1.5812)$$
$$= 2 \cdot 0.4429 = 0.8858$$

(3) 由 (1)(2) 知，此二種方法所的到的結果非常接近

---

例 22 投擲一公正的硬幣 1000 次，令其出現正面的次數為 X，求 (1) $490 \leq X \leq 510$ 的機率？(2) $485 \leq X \leq 555$ 的機率？

做法 此題是二項式分布的題型，但用二項式分布來做非常複雜。因其滿足 $np = 1000 \cdot \dfrac{1}{2} = 500$ 和 $nq = 1000 \cdot \dfrac{1}{2} = 500$ 均大於 5，所以可以使用常態分布來近似

解 其期望值 $\mu = np = 1000 \cdot \dfrac{1}{2} = 500$

標準差 $\sigma = \sqrt{npq} = \sqrt{1000 \cdot \dfrac{1}{2} \cdot \dfrac{1}{2}} = 15.811$

(1) 離散數 $P(490 \leq X \leq 510)$ 改成連續數 $P(489.5 \leq X \leq 510.5)$

將隨機變數 X 標準化成隨機變數 $Z = \dfrac{X - \mu}{\sigma}$

(a) 當 $X = 489.5$ 時，

$$Z = \frac{X - \mu}{\sigma} = \frac{489.5 - 500}{15.811} = -0.6641$$

(b) 當 $X = 510.5$ 時，

$$Z = \frac{X - \mu}{\sigma} = \frac{510.5 - 500}{15.811} = 0.6641$$

$$P(-0.6641 \le Z \le 0.6641) = 2P(0 \le Z \le 0.6641)$$
$$= 2 \cdot 0.2454 = 0.4908$$

(2) 離散數 $P(485 \le X \le 555)$ 改成連續數 $P(484.5 \le X \le 555.5)$

將隨機變數 X 標準化成隨機變數 $Z = \dfrac{X - \mu}{\sigma}$

(a) 當 $X = 484.5$ 時，

$$Z = \frac{X - \mu}{\sigma} = \frac{484.5 - 500}{15.811} = -0.98$$

(b) 當 $X = 555.5$ 時，$Z = \dfrac{X - \mu}{\sigma} = \dfrac{555.5 - 500}{15.811} = 3.51$

$$P(-0.98 \le Z \le 3.51) = P(0 \le Z \le 0.98) + P(0 \le Z \le 3.51)$$
$$= 0.3365 + 0.4998 = 0.8363$$

19.【卜瓦松分布接近常態分布】若卜瓦松分布的隨機變數 X 改成標準隨機變數 Z，即

$$Z = \frac{X - \lambda}{\sqrt{\lambda}}$$

則當 $\lambda \to \infty$ 時，卜瓦松分布就會趨近常態分布，即

$$\lim_{\lambda \to \infty} P\left( a \le \frac{X - \lambda}{\sqrt{\lambda}} \le b \right) \approx \frac{1}{\sqrt{2\pi}} \int_a^b e^{-u^2/2} du$$

例 23　若以 X 表示台北火車站一小時進出站的人數，設 X 為卜瓦松分布且 $\lambda = 900$，求台北火車站一小時進出站人數在 850 人到 910 人之間的機率？

做法　因此題用卜瓦松分布來計算太複雜，改用常態分布來近似

解　令 $Z = \dfrac{X - \lambda}{\sqrt{\lambda}} = \dfrac{X - 900}{30}$，要求介於 849.5 到 910.5 的機率值

(1) 當 $X = 849.5$ 時，$Z = \dfrac{849.5 - 900}{30} = -1.68$

(2) 當 $X = 910.5$ 時，$Z = \dfrac{910.5 - 900}{30} = 0.35$

$$P(-1.68 \le Z \le 0.35) = P(0 \le Z \le 1.68) + P(0 \le Z \le 0.35)$$
$$= 0.4535 + 0.1368 = 0.5903$$

### 3.4.3　指數分布

20.【指數分布】

(1) 給定一個正數 $\alpha$，若連續型隨機變數 X 的機率密度函數為

$$P(X = x) = \begin{cases} \alpha e^{-\alpha x}, & x > 0 \\ 0, & x \le 0 \end{cases}$$

此分布稱為指數分布（exponential distribution）。

(2) 指數分布也可表示成 $E \sim Exp(\alpha)$，其中 $\alpha$ 為其參數。

21.【期望值、變異數、標準差、動差母函數、特徵函數】
指數分布的

(1) 期望值 $E(X) = \dfrac{1}{\alpha}$

(2) 變異數 $Var(X) = \dfrac{1}{\alpha^2}$

(3) 標準差 $\sigma = \dfrac{1}{\alpha}$

(4) 動差母函數 $M(t) = \dfrac{\alpha}{\alpha - t}$，$\alpha > t$

(5) 特徵函數 $\phi(\omega) = \dfrac{\alpha}{\alpha - i\omega}$

22.【累積機率分布】指數分布的累積分布函數為
$$F(x) = P(X \le x) = 1 - e^{-\alpha x}，\alpha \ge 0$$

例 24 設 $X$ 是指數分布的隨機變數，其參數 $\alpha = 5$，
求 (1)$P(X < 2)$？(2)$P(X > 3)$？

解 (1) $P(X < 2) = \displaystyle\int_0^2 5e^{-5x}dx = 5\int_0^2 e^{-5x}\dfrac{d(-5x)}{-5}$

$= -e^{-5x}\,|_0^2 = 1 - e^{-10}$

另解 累積分布函數 $F(x) = 1 - e^{-\alpha x}$

$\Rightarrow F(2) = 1 - e^{-5 \cdot 2} = 1 - e^{-10}$

(2) $P(X > 3) = 1 - P(X < 3) = 1 - F(3) = 1 - (1 - e^{-15}) = e^{-15}$

例 25 試證：指數分布的 (1) 期望值 $E(X) = \dfrac{1}{\alpha}$，(2) 變異數 $Var(X) = \dfrac{1}{\alpha^2}$，(3) 動差母函數 $M(t) = \dfrac{\alpha}{\alpha - t}$，$\alpha > t$

證明 (1) $E(X) = \displaystyle\int_0^\infty xf(x)dx = \int_0^\infty x \cdot \alpha e^{-\alpha x}dx = \alpha \int_0^\infty xe^{-\alpha x}dx$

$$= \alpha \left[ \dfrac{-x}{\alpha}e^{-\alpha x} - \dfrac{1}{\alpha^2}e^{-\alpha x} \right]_0^\infty \quad (\text{分部積分})$$

$$= \dfrac{1}{\alpha}$$

(2) $E(X^2) = \displaystyle\int_0^\infty x^2 f(x)dx = \int_0^\infty x^2 \cdot \alpha e^{-\alpha x}dx = \alpha \int_0^\infty x^2 e^{-\alpha x}dx$

$$= \alpha \left[ \dfrac{-x^2}{\alpha}e^{-\alpha x} - \dfrac{2x}{\alpha^2}e^{-\alpha x} - \dfrac{2}{\alpha^3}e^{-\alpha x} \right]_0^\infty \quad (\text{分部積分})$$

$$= \dfrac{2}{\alpha^2}$$

$$Var(X) = E(X^2) - [E(X)]^2 = \dfrac{2}{\alpha^2} - \left( \dfrac{1}{\alpha} \right)^2 = \dfrac{1}{\alpha^2}$$

(3) $M(t) = E(e^{tx}) = \displaystyle\int_0^\infty e^{tx} f(x)\,dx$

$$= \int_0^\infty e^{tx} \cdot \alpha e^{-\alpha x}dx = \alpha \int_0^\infty e^{(t-\alpha)x} \dfrac{d(t-\alpha)x}{(t-\alpha)}$$

$$= \dfrac{\alpha}{t-\alpha}e^{(t-\alpha)x} \Big|_0^\infty = \dfrac{-\alpha}{t-\alpha}, \ t - \alpha < 0$$

例 26 試證：指數分布的累積分布函數為

$$F(x) = P(X \le x) = 1 - e^{-\alpha x}$$

證明 $F(x) = P(X \le x)$

$$= \int_0^x \alpha e^{-\alpha x} dx = \int_0^x -e^{-\alpha x} d(-\alpha x)$$

$$= -e^{-\alpha x} \Big|_0^x = 1 - e^{-\alpha x} \quad , \quad \alpha \ge 0$$

### 3.4.4 柯西分布

23.【柯西分布】

   (1) 給定一個正數 $a$，若連續型隨機變數 $X$ 的機率密度函數為

$$f(x) = \frac{a}{\pi(x^2 + a^2)} \quad , \quad a > 0 \text{ 且 } -\infty < x < \infty$$

   此種分布稱爲柯西分布（Cauchy distribution）

   (2) 柯西分布也可表示成 $X \sim Cauchy(a)$，其中 $a$ 爲其參數。

24.【期望值、變異數、動差母函數、特徵函數】

   柯西分布的

   (1) 期望值爲 $\mu = 0$（因柯西分布的圖形對 x 軸對稱）

   (2) 變異數：不存在

   (3) 動差母函數 $M(t)$：不存在

   (4) 特徵函數 $\phi(\omega) = e^{-a\omega}$

25.【累積機率分布函數】柯西分布的累積機率分布函數爲

$$F(x) = P(X \le x) = \frac{1}{2} + \frac{1}{\pi} \tan^{-1}\left(\frac{x}{a}\right)$$

例 27 設 $X$ 是柯西分布的隨機變數，其參數 $\alpha = 5$，求 (1)$P(X < 2)$？(2) $P(X > 3)$？

解 (1) $P(X < 2) = \int_{-\infty}^{2} \dfrac{5}{\pi(x^2 + 5^2)} dx = \dfrac{5}{\pi}\left[\dfrac{1}{5}\tan^{-1}\left(\dfrac{x}{5}\right)\right]_{-\infty}^{2}$

$$= \dfrac{1}{\pi}\left[\tan^{-1}\left(\dfrac{2}{5}\right) + \dfrac{\pi}{2}\right]$$

另解 累積分布函數 $F(x) = P(X \le x) = \dfrac{1}{2} + \dfrac{1}{\pi}\tan^{-1}\left(\dfrac{x}{a}\right)$

$$\Rightarrow F(2) = P(X \le 2) = \dfrac{1}{2} + \dfrac{1}{\pi}\tan^{-1}\left(\dfrac{2}{5}\right)$$

(2) $P(X > 3) = 1 - P(X < 3) = 1 - F(3) = 1 - [\dfrac{1}{2} + \dfrac{1}{\pi}\tan^{-1}\left(\dfrac{3}{5}\right)]$

$$= \dfrac{1}{2} - \dfrac{1}{\pi}\tan^{-1}\left(\dfrac{3}{5}\right)$$

例 28 試證：柯西分布的累積分布為

$$F(x) = P(X \le x) = \dfrac{1}{2} + \dfrac{1}{\pi}\tan^{-1}\left(\dfrac{x}{a}\right)$$

證明 $F(x) = P(X \le x)$

$$= \int_{-\infty}^{x} \dfrac{a}{\pi(x^2 + a^2)} dx = \dfrac{a}{\pi}\left[\dfrac{1}{a}\tan^{-1}\left(\dfrac{x}{a}\right)\right]_{-\infty}^{x}$$

$$= \dfrac{1}{\pi}\left[\tan^{-1}\dfrac{x}{a} - \left(-\dfrac{\pi}{2}\right)\right] = \dfrac{1}{2} + \dfrac{1}{\pi}\tan^{-1}\left(\dfrac{x}{a}\right)$$

例 29 若隨機變數 X 是柯西分布，試證

(1)動差母函數 $M(t)$ 不存在；

(2)特徵函數存在。

解 若隨機變數 X 是柯西分布，

(1) 其動差母函數

$$M(t) = \mathrm{E}(e^{tX}) = \frac{a}{\pi} \int_{-\infty}^{\infty} \frac{e^{tx}}{x^2 + a^2} dx$$

因 $e^{tx} = 1 + tx + \dfrac{t^2 x^2}{2!} + \dfrac{t^3 x^3}{3!} + \cdots > \dfrac{t^2 x^2}{2!}$

$$M(t) = \mathrm{E}(e^{tX}) = \frac{a}{\pi} \int_{-\infty}^{\infty} \frac{e^{tx}}{x^2 + a^2} dx > \frac{at^2}{2\pi} \int_{-\infty}^{\infty} \frac{x^2}{x^2 + a^2} dx$$

因右式發散，所以 M (t) 不存在

(2) 其特徵函數

$$\phi(t) = \mathrm{E}(e^{i\omega X}) = \frac{a}{\pi} \int_{-\infty}^{\infty} \frac{e^{iwx}}{x^2 + a^2} dx$$

$$= \frac{a}{\pi} \int_{-\infty}^{\infty} \frac{\cos wx}{x^2 + a^2} dx + \frac{ai}{\pi} \int_{-\infty}^{\infty} \frac{\sin wx}{x^2 + a^2} dx$$

（上右式為奇函數，積分為 0）

$$= \frac{a}{\pi} \int_{-\infty}^{\infty} \frac{\cos wx}{x^2 + a^2} dx = \frac{a}{\pi} \cdot (\frac{\pi}{a} e^{-aw}) = e^{-a\omega}$$

（註：最後一行的積分是以複變的留數積分法解之）

### 3.4.5 伽瑪分布

---

26.【伽瑪分布】

(1) 給定二個正數 $\alpha$ 和 $\lambda$，若連續型隨機變數 $X$ 的機率密度函數爲

$$f(x) = \begin{cases} \dfrac{\lambda e^{-\lambda x}(\lambda x)^{\alpha-1}}{\Gamma(\alpha)}, & x \geq 0 \\ 0, & x < 0 \end{cases}$$

此種分布稱爲伽瑪分布（gamma distribution）。

(2) 上式的 $\Gamma(\alpha)$ 稱爲伽瑪函數，其值爲

$$\Gamma(\alpha) = \int_0^\infty e^{-y}y^{\alpha-1}dy = \begin{cases} (\alpha-1)!, & \text{若 } \alpha \text{ 是正整數} \\ (\alpha-1)\Gamma(\alpha-1), & \text{若 } \alpha \text{ 是正實數} \\ \sqrt{\pi}, & \text{若 } \alpha = 1/2 \end{cases}$$

(3) 伽瑪分布也可表示成 $X \sim \Gamma(\alpha, \lambda)$，其中 $\alpha$、$\lambda$ 爲其參數。

27.【期望值、變異數、動差母函數、特徵函數】伽瑪分布的

(1) 期望值爲 $E(X) = \dfrac{\alpha}{\lambda}$

(2) 變異數：$Var(X) = \dfrac{\alpha}{\lambda^2}$

(3) 動差母函數 $M(t) = (1 - \dfrac{t}{\lambda})^{-\alpha}$，其中 $t < \lambda$

(4) 特徵函數 $\phi(\omega) = (1 - \dfrac{i\omega}{\lambda})^{-\alpha}$

---

例 30　試證：伽瑪分布的期望值爲 $E(X) = \dfrac{\alpha}{\lambda}$，變異數爲

$Var(X) = \dfrac{\alpha}{\lambda^2}$

證明 (1) $E(X) = \int_0^\infty x \cdot \dfrac{\lambda e^{-\lambda x}(\lambda x)^{\alpha-1}}{\Gamma(\alpha)} dx = \dfrac{1}{\lambda\Gamma(\alpha)} \int_0^\infty \lambda e^{-\lambda x}(\lambda x)^\alpha dx \cdots (A)$

因機率密度函數全域積分值為 1，即

$$\int_0^\infty \dfrac{\lambda e^{-\lambda x}(\lambda x)^{\alpha-1}}{\Gamma(\alpha)} dx = 1 \Rightarrow \int_0^\infty \lambda e^{-\lambda x}(\lambda x)^{\alpha-1} dx = \Gamma(\alpha)$$

$(\alpha$ 用 $\alpha+1$ 取代$) \Rightarrow \int_0^\infty \lambda e^{-\lambda x}(\lambda x)^\alpha dx = \Gamma(\alpha+1) \cdots (B)$

代入 (A) 式 $\Rightarrow E(X) = \dfrac{\Gamma(\alpha+1)}{\lambda\Gamma(\alpha)} = \dfrac{\alpha\Gamma(\alpha)}{\lambda\Gamma(\alpha)} = \dfrac{\alpha}{\lambda}$

(2) $E(X^2) = \int_0^\infty x^2 \cdot \dfrac{\lambda e^{-\lambda x}(\lambda x)^{\alpha-1}}{\Gamma(\alpha)} dx$

$\qquad = \dfrac{1}{\lambda^2\Gamma(\alpha)} \int_0^\infty \lambda e^{-\lambda x}(\lambda x)^{\alpha+1} dx \cdots (C)$

(由 (B) 式知) $\int_0^\infty \lambda e^{-\lambda x}(\lambda x)^{\alpha+1} dx = \Gamma(\alpha+2)$

代入 (C) 式 $\Rightarrow E(X^2) = \dfrac{\Gamma(\alpha+2)}{\lambda^2\Gamma(\alpha)} = \dfrac{(\alpha+1)\alpha}{\lambda^2}$

$Var(X) = E(X^2) - [E(X)]^2 = \dfrac{(\alpha+1)\alpha}{\lambda^2} - \dfrac{\alpha^2}{\lambda^2} = \dfrac{\alpha}{\lambda^2}$

## 練習題

1. 隨機變數 X 的機率密度函數如下，

$$f(x) = \begin{cases} ce^{-3x}, & x > 0 \\ 0 & x \le 0 \end{cases}$$

求 (1)c 值，(2) $P(1 \le X \le 2)$，(3) $P(X \ge 3)$，(4) $P(X < 1)$

答 (1)3；(2) $e^{-3} - e^{-6}$；(3) $e^{-9}$；(4) $1 - e^{-3}$

2. (1) 求上一題的累積分布函數，(2) 將 (1) 的結果繪成圖

　　答 (1) $F(x) = \begin{cases} 1 - e^{-3x}, & x > 0 \\ 0 & x \le 0 \end{cases}$ ；(2) 略

3. 隨機變數 X 的機率密度函數如下，

$$f(x) = \begin{cases} cx^2, & 1 \le x \le 2 \\ cx, & 2 < x < 3 \\ 0, & \text{其它地方} \end{cases}$$

　　求 (1)c 值，(2) $P(X > 2)$，(3) $P(1/2 < X < 3/2)$

　　答 (1)6/29；(2)15/29；(3)19/116

4. 求上一題的累積分布函數

　　答 $F(x) = \begin{cases} 0, & x \le 1 \\ (2x^3 - 2)/29, & 1 < x \le 2 \\ (3x^2 + 2)/29, & 2 < x \le 3 \\ 1, & x > 3 \end{cases}$

5. 隨機變數 X 的累積分布函數如下，

$$F(x) = \begin{cases} cx^3, & 0 \le x \le 3 \\ 1, & x > 3 \\ 0, & x < 0 \end{cases}$$ ，若 $P(X=3)=0$，

　　求 (1)c 值，(2) 機率密度函數，(3)$P(X > 1)$，
　　(4) $P(1 < X < 2)$

　　答 (1)1/27；(2) $f(x) = \begin{cases} x^2/9, & 0 \le x < 3 \\ 0, & \text{其他地方} \end{cases}$ ；(3)26/27；

　　　(4)1/9

6. 隨機變數 X 的機率密度函數如下，

$$f(x) = \begin{cases} cx, & 0 \le x \le 2 \\ 0, & \text{其它地方} \end{cases}$$

求 (1)c 值，(2) $P(1/2 < X < 3/2)$，(3) $P(X > 1)$，(4) 累積分布函數

答 (1)1/2；(2)15/16；(3)3/4；

$$(4)\ F(x) = \begin{cases} 0, & x \le 0 \\ x^2/4, & 0 < x \le 2 \\ 1, & x > 2 \end{cases}$$

7. 隨機變數 X 的機率密度函數如下，

$$f(x) = \begin{cases} cxe^{-2x}, & x > 0 \\ 0 & x \le 0 \end{cases}$$

求 (1)c 值，(2) 累積分布函數，(3) 繪出機率密度函數和累積分布函數圖，(4)$P(X \ge 1)$，(5) $P(2 \le X < 3)$

答 (1) 4；(2) $F(x) = \begin{cases} 1 - e^{-2x}(2x+1), & x \ge 0 \\ 0, & x < 0 \end{cases}$；(3) 略；(4) $3e^{-2}$；(5) $5e^{-4} - 7e^{-6}$

8. 隨機變數 X 的累積分布函數為：

$$F(x) = \begin{cases} c(1 - e^{-x})^2, & x > 0 \\ 0 & x \le 0 \end{cases}$$

求 (1)c 值，(2) $P(1 < X < 2)$

答 (1) $c = 1$；(2) $3e^{-2} - 2e^{-1} - e^{-4}$

9. 若隨機變數 X 的機率密度函數為：

$$f(x) = \begin{cases} 3x^2, & 0 < x < 1 \\ 0, & \text{其他地方} \end{cases},$$

求 (1)$E(X)$，(2) $E(3X-2)$，(3) $E(X^2)$

答 (1)3/4；(2)1/4；(3) 3/5

10.若隨機變數 X 的機率密度函數為：

$$f(x) = \begin{cases} e^{-x}, & x > 0 \\ 0, & \text{其他地方} \end{cases},$$

求 (1)$E(X)$，(2) $E(X^2)$，(3) $E[(X-1)^2]$

答 (1)1；(2)2；(3)1

11.若隨機變數 X 的機率密度函數為：

$$f(x) = \begin{cases} e^{-x}, & x > 0 \\ 0, & \text{其他地方} \end{cases},$$

求 $E(e^{2X/3})$，

答 3

12.若隨機變數 X 的機率密度函數為：

$$f(x) = \begin{cases} 1/4, & -2 < x < 2 \\ 0, & \text{其他地方} \end{cases},$$

求 (1) $Var(X)$，(2) $\sigma_X$

答 (1)4/3；(2) $\sqrt{4/3}$

13.若隨機變數 X 的機率密度函數為：

$$f(x) = \begin{cases} e^{-x}, & x > 0 \\ 0, & \text{其他地方} \end{cases},$$

求 (1) $Var(X)$，(2) $\sigma_X$

答 (1)1；(2)1

14. 設的隨機變數 X 的機率密度函數爲

$$f(x) = \begin{cases} x/2, & 0 < x < 2 \\ 0, & \text{其他地方} \end{cases},$$

求 (1) 動差母函數，(2) 相對原點的前 4 階動差

答 (1) $(1 + 2te^{2t} - e^{2t})/(2t^2)$；

(2) $\mu = 4/3, \mu_2' = 2, \mu_3' = 16/5, \mu_4' = 16/3$

15. 設的隨機變數 X 的機率密度函數爲

$$f(x) = \begin{cases} e^{-x}, & x > 0 \\ 0, & \text{其他地方} \end{cases},$$

求 (1) 動差母函數，(2) 相對原點的前 4 階動差

答 (1) $1/(1-t), |t| < 1$；(2) $\mu = 1, \mu_2' = 2, \mu_3' = 6, \mu_4' = 24$

16. 設的隨機變數 X 的機率密度函數爲

$$X = \begin{cases} 1/(b-a), & a < x < b \\ 0, & \text{其他地方} \end{cases},$$

求 (1) 相對原點的第 k 階動差，(2) 相對期望值的第 k 階動差

答 (1) $\dfrac{b^{k+1} - a^{k+1}}{(k+1)(b-a)}$；(2) $\dfrac{[1 + (-1)^k](b-a)^k}{2^{k+1}(k+1)}$

17. 設的隨機變數 X 的機率密度函數爲

$$X = \begin{cases} 1/(2a), & |x| \le a \\ 0, & \text{其他地方} \end{cases}, \quad \text{求其特徵函數}$$

答 $\dfrac{\sin(a\omega)}{a\omega}$

18.設的隨機變數 X 的機率密度函數為

$$X = \begin{cases} x/2, & 0 \le x \le 2 \\ 0, & \text{其他地方} \end{cases}$$，求其特徵函數

答 $\dfrac{e^{2i\omega} - 2ie^{2i\omega} - 1}{\omega^2}$

19.設隨機變數 X 的機率密度函數如下，

$$f(x) = \begin{cases} c(1-x), & 0 < x < 1 \\ 0, & \text{其他地方} \end{cases}$$，求 (1)$E(X)$，(2)$Var(X)$，(3)

動量母函數，(4) 特徵函數，(5) 相對期望值的第 3 階
動差

答 （1）$1/3$；（2）$1/18$；（3）$2(e^t - 1 - t)/t^2$；（4）
$-2(e^{i\omega} - 1 - i\omega)/\omega^2$；(5)$1/135$

20.某班數學考試成績的平均值為 78 分，標準差為 10 分，
(1) 求分數是 93 分和 62 分，其標準化後的分數各為
何？(2) 求標準化後的分數是 −0.6 分和 1.2 分，其原始
分數各為幾分？

答 (1)$1.5, -1.6$；(2) 72, 90

21.某班數學考試成績分數是 70 分和 88 分，其標準化後
的分數各為 −0.6 分和 1.4 分，求其原始平均分數？標
準差？

答 (1)75.4；(2) 9

22.求下列標準常態分布區間的值為何，(1)$z = -1.20$ 到
$z = 2.40$，(2) $z = 1.23$ 到 $z = 1.87$，(3)$z = -2.35$ 到 $z = -0.50$

答 (1)0.8767；(2)0.0786；(3) 0.2991

23.求下列常態分布區間的值爲何，(1) $z = $ 最左邊到 $z = -1.78$，(2) $z = $ 最左邊到 $z = 0.56$，(3) $z = -1.45$ 到最右邊，(4) $z \geq 2.16$，(5) $-0.80 \leq z \leq 1.53$，(6) $z = $ 最左邊到 $z = -2.52$ 和 $z = 1.83$ 到最右邊

答 (1)0.0375；(2)0.7123；(3)0.9265；(4)0.0154；(5)0.7251；(6)0.0395

24.若 Z 是常態分布，平均值爲 0，標準差爲 1，求 (1) $P(Z \geq -1.64)$，(2) $P(-1.96 \leq Z \leq 1.96)$，(3) $P(|Z| \geq 1)$，

答 (1)0.9495；(2)0.9500；(3)0.6826

25.求下列常態分布區間的 z 值爲何，(1) 面積從 $z = 0.2266$ 到 $\infty$，(2) 面積從 $-\infty$ 到 $z = 0.0314$，(3) 面積從 $z = -0.23$ 到 $z = 0.5722$，(4) 面積從 1.15 到 z 是 0.0730，(5) 面積從 $-z$ 到 z 是 0.9000

答 (1)0.75；(2)−1.86；(3)2.08；(4)1.625 或 0.849；(5) ±1.645

26.若 Z 是常態分布，平均值爲 0，標準差爲 1，求 $P(Z \geq z_1) = 0.84$ 的 $z_1$ 值

答 −0.995

27.若 X 是常態分布，平均值爲 5，標準差爲 2，求 $P(X \geq 8) = $ ?

答 0.0668

28.有 300 爲學生的體重是常態分布，其平均值爲 68 公斤，標準差爲 3 公斤，請問有幾個學生的體重 (1) 大於 72 公斤？(2) 小於等於 64 公斤？(3) 介於 65（含）到 71（含）公斤間？(4)等於 68 公斤？（量測採四捨五入）

答 (1)20；(2)36；(3)227；(4)40

29.若有一堆球的直徑是常態分布，其平均值為 0.6140 公尺，標準差為 0.0025 公尺，請問有百分之幾的球的直徑 (1) 介於 0.610（含）到 0.618（含）公尺間？(2) 大於 0.617 公尺？(3) 小於 0.608 公尺？(4) 等於 0.615 公尺？

答 (1)93%；(2)8.1%；(3)0.47%；(4)15%

30.若考試成績是常態分布，其平均值為 72 分，標準差為 9 分，前 10% 的學生成績是 A，請問得到 A 的最低成績是幾分？

答 84

31.若一組量測數據是常態分布，請問有百分之幾的數據距離期望值的值 (1) 大於 1/2 的標準差？(2) 小於 3/4 的標準差？

答 (1)61.7%；(2) 54.7%

32.若一組量測數據是常態分布，其平均值為 $\mu$，標準差為 $\sigma$，請問有百分之幾的數據在 (1) 介於 $\mu \pm 2\sigma$ 間？(2) 在 $\mu \pm 1.2\sigma$ 範圍外？(3) 大於 $\mu - 1.5\sigma$？

答 (1)95.4%；(2)23.0%；(3) 93.3%

33.同上題，求出常數 a，使其滿足下列的條件：(1) 介於 $\mu \pm a\sigma$ 之間是 75%？(2) 小於 $\mu - a\sigma$ 是 22%？

答 (1)1.15；(2) 0.77

34.投擲一個硬幣 200 次，請問下列各小題出現正面的機率 (1) 介於 80 次（含）到 120 次（含）間？(2) 小於 90 次？(3) 小於 85 次或大於 115 次？(4) 等於 100 次？

答 (1)0.9962；(2)0.0687；(3)0.0286；(4) 0.0558

35.考試是非題若干題，請問下列各小題學生猜對的機率為何？(1) 有 20 題猜對 12 題（含）以上？(2) 有 40 題猜對 24 題（含）以上？

　　答 (1)0.2511；(2) 0.1342

36.一台機器生產的產品有 10% 的瑕疵品，若這台機器生產出400件產品，請問下列各小題瑕疵品的機率為何？(1) 最多 30 件，(2) 介於 30 件到 50 件間，(3) 介於 35 件到 45 件間，(4)55 件或以上

　　答 (1)0.0567；(2)0.9198；(3)0.6404；(4) 0.0079

37.投擲二個骰子 100 次，請問出現點數 7 的次數超過 25 次的機率為何？

　　答 0.0089

38.設 X 為介於 $-2 \leq x \leq 2$ 的均勻分布，求 $(1)P(X<1)$，$(2) P(|X-1| \geq 1/2)$

　　答 (1)3/4；(2) 3/4

39.求均勻分布 $\mu(a, b)$ 相對於期望值 $\mu$ 的 (1) 第 3 階動差，(2) 第 4 階動差

　　答 (1)0；(2) $2(b-a)^4/5$

40.設 X 是柯西分布，其參數 $a = 2$，求 $(1)P(X<2)$，$(2) P(X^2 \geq 12)$

　　答 (1)3/4；(2)1/3

# 第 4 章　聯合機率分布

## 4.1　多個隨機變數與其機率分布

1. 【多隨機變數】在隨機試驗中，若我們所討論的隨機變數有多個，例如：有二個（或以上）離散隨機變數或連續隨機變數，就是多個隨機變數的情形。

2. 【離散型多隨機變數的機率分布】

   (1) 設 X 和 Y 為二個「離散型」隨機變數，則 X,Y 這二個隨機變數所組成的機率函數稱為 X,Y 隨機變數的聯合機率質量函數（joint probability mass function），其定義為：

   $$P(X = x, Y = y) = p(x, y)$$

   (2) 離散型聯合機率質量函數有下列的性質：

   (a) $p(x, y) \geq 0$（每個機率質量函數值均大於等於 0）

   (b) $\sum_x \sum_y p(x, y) = 1$（所有的機率質量函數值的和等於 1）

   (3) 若離散隨機變數 X 的值是 $x_1, x_2, \cdots, x_m$ 中的一個，且離散隨機變數 Y 的值是 $y_1, y_2, \cdots, y_n$ 中的一個，則

   (a) X=$x_i$ 且 Y=$y_i$ 的機率為：$P(X = x_i, Y = y_j) = p(x_i, y_j)$

   (b) X,Y 的聯合機率質量函數可表示成表 4.1；

表 4.1　X,Y 的聯合機率質量函數

| X \ Y | $y_1$ | $y_2$ | $\cdots$ | $y_n$ | 總和↓ |
|---|---|---|---|---|---|
| $x_1$ | $p(x_1, y_1)$ | $p(x_1, y_2)$ | $\cdots$ | $p(x_1, y_n)$ | $p_X(x_1)$ |
| $x_2$ | $p(x_2, y_1)$ | $p(x_2, y_2)$ | $\cdots$ | $p(x_2, y_n)$ | $p_X(x_2)$ |
| $\vdots$ | $\vdots$ | $\vdots$ | | $\vdots$ | |
| $x_m$ | $p(x_m, y_1)$ | $p(x_m, y_2)$ | $\cdots$ | $p(x_m, y_n)$ | $p_X(x_m)$ |
| 總和→ | $p_Y(y_1)$ | $p_Y(y_2)$ | $\cdots$ | $p_Y(y_n)$ | 1 |

(c) $X=x_i$ 的機率是將所有 $X=x_i$ 的 $p(x_i, y_i)$ 相加起來（橫列值相加），即：

$$P(X = x_i) = p_X(x_i) = \sum_{j=1}^{n} p(x_i, y_j)$$

（註：見表 4.1 最右邊一行或稱為右邊際（marginal））
此稱為隨機變數 X 的邊際機率質量函數（marginal probability mass function）

(d) 同理，$Y=y_j$ 的機率是將所有 $Y=y_j$ 的 $p(x_i, y_j)$ 相加起來（直行值相加），即：

$$P(Y = y_j) = p_Y(y_j) = \sum_{i=1}^{m} p(x_i, y_j)$$

（註：見表 4.1 最下方一列或稱為下邊際）
此稱為隨機變數 Y 的邊際機率質量函數。

(e) 因 $p_X(x_i)$ 和 $p_Y(y_j)$ 分別在表 4.1 的「右邊際」和「下邊際」，所以稱之為「邊際」機率質量函數。

(f) 邊際機率質量函數的和等於 1，即

$$\sum_{i=1}^{m} p_X(x_i) = 1 \text{，} \sum_{j=1}^{n} p_Y(y_j) = 1 \text{，且} \sum_{i=1}^{m}\sum_{j=1}^{n} p(x_i, y_j) = 1$$

(4)(a) X 和 Y 的聯合累積分布函數 $F(x, y)$ 為

$$F(x, y) = P(X \le x, Y \le y) = \sum_{u \le x}\sum_{v \le y} p(u, v)$$

(b) 若聯合累積分布函數為 $F(x_i, y_j)$，則其包含的內容如下圖灰色部分

|  | $y_1$ | $y_2$ | $\cdots$ | $y_j$ | $\cdots$ | $y_n$ |
|---|---|---|---|---|---|---|
| $x_1$ | $(x_1, y_1)$ | $(x_1, y_2)$ | $\cdots$ | $(x_1, y_j)$ | $\cdots$ | $(x_1, y_n)$ |
| $x_2$ | $(x_2, y_1)$ | $(x_2, y_2)$ | $\cdots$ | $(x_2, y_j)$ | $\cdots$ | $(x_2, y_n)$ |
| $\vdots$ | $\vdots$ | $\vdots$ | | $\vdots$ | | $\vdots$ |
| $x_i$ | $(x_i, y_1)$ | $(x_i, y_2)$ | $\cdots$ | $(x_i, y_j)$ | $\cdots$ | $(x_i, y_n)$ |
| $\vdots$ | $\vdots$ | $\vdots$ | | $\vdots$ | | $\vdots$ |
| $x_m$ | $(x_m, y_1)$ | $(x_m, y_2)$ | | $(x_m, y_j)$ | | $(x_m, y_n)$ |

(5)(a) 隨機變數 X 的邊際機率分布函數為：

$$P(X \le x) = F_X(x) = \sum_{u \le x}\sum_{j=1}^{n} p(u, y_j)$$

(b) 若 X 的邊際機率分布函數為 $F_X(x_i)$，則其包含的內容如下圖灰色部分

|  | $y_1$ | $y_2$ | $\cdots$ | $y_j$ | $\cdots$ | $y_n$ |
|---|---|---|---|---|---|---|
| $x_1$ | $(x_1, y_1)$ | $(x_1, y_2)$ | $\cdots$ | $(x_1, y_j)$ | $\cdots$ | $(x_1, y_n)$ |
| $x_2$ | $(x_2, y_1)$ | $(x_2, y_2)$ | $\cdots$ | $(x_2, y_j)$ | $\cdots$ | $(x_2, y_n)$ |
| $\vdots$ | $\vdots$ | $\vdots$ | | $\vdots$ | | $\vdots$ |
| $x_i$ | $(x_i, y_1)$ | $(x_i, y_2)$ | $\cdots$ | $(x_i, y_j)$ | $\cdots$ | $(x_i, y_n)$ |
| $\vdots$ | $\vdots$ | $\vdots$ | | $\vdots$ | | $\vdots$ |
| $x_m$ | $(x_m, y_1)$ | $(x_m, y_2)$ | | $(x_m, y_j)$ | | $(x_m, y_n)$ |

(6)(a) 隨機變數 Y 的邊際機率分布函數為：

$$P(Y \le y) = F_Y(y) = \sum_{v \le y} \sum_{i=1}^{m} p(x_i, v)$$

(b) 若 Y 的邊際機率分布函數為 $F_Y(y_j)$，則其包含的內容如下圖灰色部分

| | $y_1$ | $y_2$ | $\cdots$ | $y_j$ | $\cdots$ | $y_n$ |
|---|---|---|---|---|---|---|
| $x_1$ | $(x_1, y_1)$ | $(x_1, y_2)$ | $\cdots$ | $(x_1, y_j)$ | $\cdots$ | $(x_1, y_n)$ |
| $x_2$ | $(x_2, y_1)$ | $(x_2, y_2)$ | $\cdots$ | $(x_2, y_j)$ | $\cdots$ | $(x_2, y_n)$ |
| $\vdots$ | $\vdots$ | $\vdots$ | | $\vdots$ | | $\vdots$ |
| $x_i$ | $(x_i, y_1)$ | $(x_i, y_2)$ | $\cdots$ | $(x_i, y_j)$ | $\cdots$ | $(x_i, y_n)$ |
| $\vdots$ | $\vdots$ | $\vdots$ | | $\vdots$ | | $\vdots$ |
| $x_m$ | $(x_m, y_1)$ | $(x_m, y_2)$ | | $(x_m, y_j)$ | | $(x_m, y_n)$ |

(7) X 和 Y 的聯合累積分布函數 $F(x, y)$ 的性質有：

(a) $0 \le F(x, y) \le 1$；　(b) $F(\infty, \infty) = 1$；

(c) $F_X(x) = F(x, \infty)$；(d) $F_Y(y) = F(\infty, y)$；

(e) $F(x, -\infty) = 0$；　　(f) $F(-\infty, y) = 0$；

(g) $P(x_1 < X \le x_2, y_1 < Y \le y_2)$　　　　　　　　　；

$$= F(x_2, y_2) - F(x_2, y_1) - F(x_1, y_2) + F(x_1, y_1)$$

(8) X 和 Y 在區域 B 內的機率值

$P(B) = \sum_{(x,y) \in B} p(x, y)$（註：將區域 B 內的 $(x_i, y_j)$ 值的機率累加起來）

註：(a) $P(X = x, Y = y) = p(x, y)$ 稱為聯合機率質量函數；

(b) $p_X(x_i)$ 和 $p_Y(y_j)$ 稱為邊際機率質量函數；

(c) $F(x, y) = P(X \le x, Y \le y)$ 稱為聯合累積分布函數。

例 1　若離散隨機變數 X,Y 的聯合機率質量函數爲

$$p(x, y) = \begin{cases} k(x + 2y), & 1 \le x \le 3, 2 \le y \le 4, x, y \in N \\ 0, & \text{其他地方} \end{cases}$$

求：(1)k 之值？(2)$P(X = 2, Y = 3) = $？(3) $P(X \ge 2, Y \le 3) = $？(4)X 的邊際機率質量函數？(5)Y 的邊際機率質量函數？(6)X 的邊際機率分布函數？(7)Y 的邊際機率分布函數？(8) X 和 Y 的聯合累積分布函數？

解　(1) 全部的機率和要為 1，即

$$\sum_{x=1}^{3} \sum_{y=2}^{4} k(x + 2y) = 1$$

$$\Rightarrow k \sum_{x=1}^{3} \left[ (x + 2 \cdot 2) + (x + 2 \cdot 3) + (x + 2 \cdot 4) \right] = 1$$

$$\Rightarrow k \sum_{x=1}^{3} [3x + 18] = 1$$

$$\Rightarrow k \left[ (3 \cdot 1 + 18) + (3 \cdot 2 + 18) + (3 \cdot 3 + 18) \right] = 1$$

$$\Rightarrow k = \frac{1}{72}$$

(2) $P(X = 2, Y = 3) = k(x + 2y)\big|_{x=2, y=3} = \frac{1}{72}(2 + 6) = \frac{1}{9}$

(3) $P(X \ge 2, Y \le 3) = \sum_{x=2}^{3} \sum_{y=2}^{3} k(x + 2y)$

$$= \frac{1}{72} \sum_{x=2}^{3} (2x + 10) = \frac{5}{12}$$

(4) X 的邊際機率質量函數 $p_X(x) = \sum_{y=2}^{4} k(x + 2y)$

$$= \frac{1}{72}[(x+2\cdot2)+(x+2\cdot3)+(x+2\cdot4)] = \frac{1}{24}(x+6)$$

其中 $1 \le x \le 3$

（註：即 $p_X(1) = \frac{7}{24}$，$p_X(2) = \frac{1}{3}$，$p_X(3) = \frac{3}{8}$，

驗算 $p_X(1)+p_X(2)+p_X(3) = \frac{7}{24}+\frac{1}{3}+\frac{3}{8} = 1$，沒

錯）

(5) Y 的邊際機率質量函數 $p_Y(y) = \sum_{x=1}^{3} k(x+2y)$

$$= \frac{1}{72}[(1+2y)+(2+2y)+(3+2y)] = \frac{1}{12}(y+1)$$

其中 $2 \le y \le 4$

（註：即 $p_Y(2) = \frac{1}{4}$，$p_Y(3) = \frac{1}{3}$，$p_Y(4) = \frac{5}{12}$，

驗算 $p_Y(2)+p_Y(3)+p_Y(4) = \frac{1}{4}+\frac{1}{3}+\frac{5}{12} = 1$，

沒錯）

(6) X 的邊際機率分布函數為：

$$P(X \le x) = F_X(x) = \sum_{u \le x} \sum_{j=1}^{n} p(u, y_j)$$

$$= \sum_{u=1}^{x} \sum_{y=2}^{4} \frac{1}{72}(u+2y) = \frac{1}{24} \sum_{u=1}^{x}(u+6)$$

$$= \frac{1}{24}\left[(1+2+\cdots+x)+6x\right]$$

$$= \frac{x(x+1)}{48} + \frac{6x}{24} = \frac{x^2+13x}{48}$$

驗算：$P(X \leq 3) = F_X(3) = \dfrac{3^2 + 13 \cdot 3}{48} = 1$（沒錯）

(7) Y 的邊際機率分布函數為：

$$P(Y \leq y) = F_Y(y) = \sum_{v \leq y} \sum_{i=1}^{m} p(x_i, v)$$

$$= \sum_{v=2}^{y} \sum_{x=1}^{3} \frac{1}{72}(x + 2v) = \frac{1}{12} \sum_{v=2}^{y}(1+v)$$

$$= \frac{1}{12}\big[(y-1) + (2 + \cdots + y)\big] = \frac{(y-1)(y+4)}{24}$$

驗算：$P(Y \leq 4) = F_Y(4) = \dfrac{(4-1)(4+4)}{24} = 1$（沒錯）

(8) X 和 Y 的聯合累積分布函數為

$$F(x, y) = P(X \leq x, Y \leq y) = \sum_{u=1}^{x} \sum_{v=2}^{y} k(u + 2v)$$

$$= \frac{1}{72} \sum_{u=1}^{x} \big[(y-1)u + 2(2 + \cdots + y)\big]$$

$$= \frac{1}{72} \sum_{u=1}^{x} \big[(y-1)u + (y-1)(y+2)\big]$$

$$= \frac{1}{72} \big[(y-1)(1 + 2 + \cdots + x) + x(y-1)(y+2)\big]$$

$$= \frac{1}{72} \left[(y-1) \cdot \frac{x(x+1)}{2} + x(y-1)(y+2)\right]$$

$$= \frac{x(y-1)}{144}(x + 2y + 5)$$

其中 $1 \leq x \leq 3$，$2 \leq y \leq 4$

（註：驗算 $F(3, 4) = 1$，沒錯）

例 2　若離散隨機變數 X,Y 的聯合機率質量函數為

$$p(x,y) = \begin{cases} kxy, & 0 \le x \le 2, 1 \le y \le 4, x, y \in Z \\ 0, & \text{其他地方} \end{cases}$$

求：(1)k 之值？(2) $P(X = 2, Y = 3) = $？(3) $P(X \ge 1, Y \le 3) = $？(4)X 的邊際機率質量函數？(5)Y 的邊際機率質量函數？(6) X 和 Y 的聯合累積分布函數？

解　(1) 全部的機率和要為 1，即 $\sum\limits_{x=0}^{2}\sum\limits_{y=1}^{4} kxy = 1$

$$\Rightarrow k\sum_{x=0}^{2} x \cdot \sum_{y=1}^{4} y = 1 \Rightarrow k(0+1+2)(1+2+3+4) = 1$$

$$\Rightarrow k = \frac{1}{30}$$

(2) $P(X = 2, Y = 3) = \text{k(xy)}\big|_{x=2, y=3} = \dfrac{1}{30}(2 \cdot 3) = \dfrac{1}{5}$

(3) $P(X \ge 1, Y \le 3) = \sum\limits_{x=1}^{2}\sum\limits_{y=1}^{3} k(xy)$

$$= \frac{1}{30}\sum_{x=1}^{2} x \cdot \sum_{y=1}^{3} y = \frac{1}{30}(1+2)(1+2+3) = \frac{3}{5}$$

(4) X 的邊際機率質量函數 $p_X(x) = \sum\limits_{y=1}^{4} kxy = \dfrac{x}{30}\sum\limits_{y=1}^{4} y$

$$= \frac{x}{30}(1+2+3+4) = \frac{x}{3}，其中\ 0 \le x \le 2$$

（註：即 $p_X(0) = 0$，$p_X(1) = \dfrac{1}{3}$，$p_X(2) = \dfrac{2}{3}$，

驗算 $p_X(0) + p_X(1) + p_X(2) = 0 + \dfrac{1}{3} + \dfrac{2}{3} = 1$，沒錯）

(5) Y 的邊際機率質量函數 $p_Y(y) = \sum_{x=0}^{2} kxy = \frac{y}{30} \sum_{x=0}^{2} x$

$= \frac{y}{30}(0+1+2) = \frac{y}{10}$，其中 $1 \le y \le 4$

（註：即 $p_Y(1) = \frac{1}{10}$，$p_Y(2) = \frac{1}{5}$，$p_Y(3) = \frac{3}{10}$，$p_Y(4) = \frac{2}{5}$

驗算 $p_Y(1) + p_Y(2) + p_Y(3) + p_Y(4) = \frac{1}{10} + \frac{1}{5} + \frac{3}{10} + \frac{2}{5} = 1$）

(6) X 和 Y 的聯合累積分布函數為

$$F(x,y) = P(X \le x, Y \le y) = \sum_{u=0}^{x} \sum_{v=1}^{y} k(uv)$$

$$= \frac{1}{30} \sum_{u=0}^{x} u \cdot \sum_{v=1}^{y} v = \frac{1}{30}(0+1+\cdots+x)(1+2+\cdots+y)$$

$$= \frac{1}{30} \cdot \frac{x(x+1)}{2} \cdot \frac{y(y+1)}{2} = \frac{xy(x+1)(y+1)}{120}$$

其中 $0 \le x \le 2$，$1 \le y \le 4$

（註：驗算 $F(2,4)=1$，沒錯）

---

3. 【連續型與離散型的區別】連續型多隨機變數的機率分布和離散型類似，只是將累加（sum）改成積分（integral）。

4. 【連續型多隨機變數的機率分布】

(1) 若 X 和 Y 為二個「連續型」隨機變數，此二個隨機變數的聯合機率密度函數（joint probability density function，簡稱為 jpdf）$f_{X,Y}(x,y)$ 定義為：

(a) $f_{X,Y}(x,y) \ge 0$（每個機率密度函數值均大於等於 0）

(b) $\int_{-\infty}^{\infty} \int_{-\infty}^{\infty} f_{X,Y}(x,y)dydx = 1$（所有的機率密度函數值的和等於 1）

(2) 連續隨機變數 X 在 [a, b] 區間，隨機變數 Y 在 [c, d]
　　區間的機率為：

$$P(a \le X \le b, c \le Y \le d) = \int_{x=a}^{b} \int_{y=c}^{d} f_{X,Y}(x,y)dydx$$

(3) 若連續隨機變數 X 和 Y 組成的區域 R（可視為 xy 平
　　面上的一封閉平面），則區間 R 的機率為：

$$P(R) = \iint_{R} f_{X,Y}(x,y)dydx$$

5. 【連續型多隨機變數的分布】若 X 和 Y 為二個連續型隨
　　機變數，則

(1) (a)X 和 Y 的聯合累積分布函數 $F(x, y)$ 為：

$$F(x,y) = P(X \le x, Y \le y) = \int_{u=-\infty}^{x} \int_{v=-\infty}^{y} f_{X,Y}(u,v)dvdu$$

　　(b) 若聯合累積分布函數為 $F(x, y)$，則其包含的內容如
　　　 下圖灰色部分（其中外圍的四邊形是 $x, y$ 的範圍）

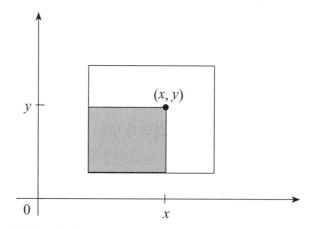

(2) 若上式對 y 偏微分，再對 x 偏微分，可得其聯合機率
　　密度函數 $f_{X,Y}(x, y)$，即

$$\frac{\partial^2 F(x,y)}{\partial x \partial y} = f_{X,Y}(x,y)$$

(3)(a) 隨機變數 X 的邊際機率分布函數為：

$$P(X \le x) = F_X(x) = \int_{u=-\infty}^{x} \int_{v=-\infty}^{\infty} f_{X,Y}(u,v)dvdu$$

(b) 若 X 的邊際機率分布函數為 $F_X(x)$，則其包含的內容如下圖灰色部分

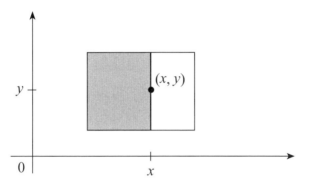

(4)(a) 隨機變數 Y 的邊際機率分布函數為：

$$P(Y \le y) = F_Y(y) = \int_{v=-\infty}^{y} \int_{u=-\infty}^{\infty} f_{X,Y}(u,v)dudv$$

(b) 若 Y 的邊際機率分布函數為 $F_Y(y)$，則其包含的內容如下圖灰色部分

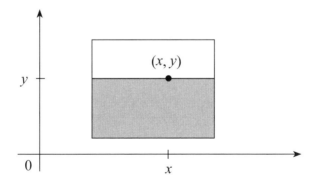

(5) 將 (3) 式對 $x$ 微分或 $f_{X,Y}(x, y)$ 對 $y$ 積分得

$$f_X(x) = \frac{\mathrm{d}}{\mathrm{d}x} F_X(x) = \int_{y=-\infty}^{\infty} f_{X,Y}(x, y)\mathrm{d}y$$

$f_X(x)$ 稱為 X 的邊際機率密度函數

(6) 將 (4) 式對 $y$ 微分或 $f_{X,Y}(x, y)$ 對 $x$ 積分得

$$f_Y(y) = \frac{\mathrm{d}}{\mathrm{d}y} F_Y(y) = \int_{x=-\infty}^{\infty} f_{X,Y}(x, y)\mathrm{d}x$$

$f_Y(y)$ 稱為 Y 的邊際機率密度函數。

(7) 若聯合機率密度函數 $f_{X,Y}(x, y)$ 的區域非四邊形，求其聯合累積分布函數 $F(x, y)$ 要分區域來算（見例 5）。

註：由上知，X 和 Y 的聯合累積分布函數的定義為：

$$F(x, y) = P(X \le x, Y \le y) = \int_{u=-\infty}^{x} \int_{v=-\infty}^{y} f(u, v)dvdu$$

(1) 由定義知，在解聯合累積分布的題目時，

　　(i) $f(x, y)$ 要改成 $f(u, v)$，再對 $u, v$ 做積分

　　(ii) 重積分的上限分別是 $x$ 和 $y$

(2) 本書的做法是

　　(i) 還是用 $f(x, y)$ 對 $x, y$ 做積分

　　(ii) 重積分的上限分別是 $a$ 和 $b$，即

$$F(a, b) = P(X \le a, Y \le b) = \int_{x=-\infty}^{a} \int_{y=-\infty}^{b} f(x, y)dydx$$

　　(iii) 再把 $F(a, b)$ 改成 $F(x, y)$

例 3　若連續隨機變數 X,Y 的聯合機率密度函數為

$$f_{X,Y}(x, y) = \begin{cases} kxy, & 1 \le x \le 3, 2 \le y \le 4 \\ 0, & \text{其他地方} \end{cases}$$

求：(1)k 之值？(2)$P(1 \leq X \leq 2, 2 \leq Y \leq 3) =$ ？(3) $P(X \geq 2,$ $Y \leq 3) =$ ？(4)X 和 Y 的聯合累積分布函數？(5)X 的邊際機率分布函數？(6)Y 的邊際機率分布函數？(7) X 的邊際機率密度函數？(8)Y 的邊際機率密度函數？

解 (1) 全部的機率和要為 1，即

$$\int_{x=1}^{3} \int_{y=2}^{4} kxy \, dy \, dx = 1 \Rightarrow k \int_{x=1}^{3} x \, dx \int_{y=2}^{4} y \, dy = 1$$

$$\Rightarrow k \cdot \frac{x^2}{2}\Big|_{x=1}^{3} \cdot \frac{y^2}{2}\Big|_{y=2}^{4} = 1$$

$$\Rightarrow 24k = 1 \Rightarrow k = \frac{1}{24}$$

(2) $P(1 \leq X \leq 2, 2 \leq Y \leq 3) = \int_{x=1}^{2} \int_{y=2}^{3} kxy \, dy \, dx = \frac{1}{24} \int_{x=1}^{2} x \, dx \int_{y=2}^{3} y \, dy$

$$= \frac{1}{24} \cdot \frac{x^2}{2}\Big|_{x=1}^{2} \cdot \frac{y^2}{2}\Big|_{y=2}^{3} = \frac{15}{96}$$

(3) $P(X \geq 2, Y \leq 3) = \int_{x=2}^{3} \int_{y=2}^{3} kxy \, dy \, dx = \frac{1}{24} \int_{x=2}^{3} x \, dx \int_{y=2}^{3} y \, dy$

$$= \frac{1}{24} \cdot \frac{x^2}{2}\Big|_{x=2}^{3} \cdot \frac{y^2}{2}\Big|_{y=2}^{3} = \frac{25}{96}$$

(4) X 和 Y 的聯合累積分布函數

$$F(a,b) = P(X \leq a, Y \leq b) = \int_{x=-\infty}^{a} \int_{y=-\infty}^{b} f(x,y) \, dy \, dx$$

$$= \int_{x=1}^{a} \int_{y=2}^{b} \frac{1}{24} xy \, dy \, dx = \frac{1}{24} \int_{x=1}^{a} x \, dx \int_{y=2}^{b} y \, dy$$

$$= \frac{1}{24} \cdot \frac{x^2}{2} \Big|_{x=1}^{a} \cdot \frac{y^2}{2} \Big|_{y=2}^{b} = \frac{1}{96}(a^2-1)(b^2-4)$$

$$F(x,y) = \frac{1}{96}(x^2-1)(y^2-4) \text{（分別把 a, b 改成 x, y）}$$

其中：$1 \leq x \leq 3$，$2 \leq y \leq 4$

（註：驗算 $F(3,4)=1$，沒錯）

(5) X 的邊際機率分布函數

$$P(X \leq a) = F_X(a) = \int_{x=-\infty}^{a} \int_{y=-\infty}^{\infty} f(x,y)dydx$$

$$= \int_{x=1}^{a} \int_{y=2}^{4} \frac{1}{24}xy\,dydx = \frac{1}{24}\int_{x=1}^{a} xdx\int_{y=2}^{4} ydy$$

$$= \frac{1}{24} \cdot \frac{x^2}{2}\Big|_{x=1}^{a} \cdot \frac{y^2}{2}\Big|_{y=2}^{4} = \frac{a^2-1}{8}$$

$$P(X \leq x) = \frac{x^2-1}{8}，\text{其中：} 1 \leq x \leq 3 \text{（把 } a \text{ 改成 } x\text{）}$$

（註：即 $F_X(1)=0$，$F_X(2) = \frac{3}{8}$，$F_X(3)=1$，

驗算：$F_X(3)=1$，沒錯）

(6) Y 的邊際機率分布函數

$$P(Y \leq b) = F_Y(b) = \int_{y=-\infty}^{b} \int_{x=-\infty}^{\infty} f(x,y)dxdy$$

$$= \int_{y=2}^{b} \int_{x=1}^{3} \frac{1}{24}xy\,dxdy = \frac{1}{24}\int_{y=2}^{b} ydy\int_{x=1}^{3} xdx$$

$$= \frac{1}{24} \cdot \frac{y^2}{2}\Big|_{y=2}^{b} \cdot \frac{x^2}{2}\Big|_{x=1}^{3} = \frac{b^2-4}{12}$$

$$P(Y \leq y) = \frac{y^2-4}{12}，\text{其中 } 2 \leq y \leq 4 \text{（將 } b \text{ 改成 } y\text{）}$$

（註：即 $F_Y(2)=0$，$F_Y(3)=\dfrac{5}{12}$，$F_Y(4)=1$，

驗算：$F_Y(4)=1$，沒錯）

(7) X 的邊際機率密度函數

$$f_X(x) = \int_{y=-\infty}^{\infty} f(x,y)dy = \int_{y=-\infty}^{\infty} \frac{1}{k}xydy$$

$$= \frac{x}{24}\int_{y=2}^{4} ydy = \frac{x}{24}\cdot\frac{y^2}{2}\Big|_{y=2}^{4} = \frac{x}{4}，其中：1 \le x \le 3$$

另解

$$f_X(x) = \frac{d}{dx}F_X(x) = \frac{d}{dx}[\frac{x^2-1}{8}] = \frac{x}{4}$$

（註：驗算；$\int_{x=-\infty}^{\infty} f_X(x)dx = \int_{x=1}^{3}\frac{x}{4}dx = \frac{1}{4}\cdot\frac{x^2}{2}\Big|_{x=1}^{3} = 1$，沒錯）

(8) Y 的邊際機率密度函數？

$$f_Y(y) = \int_{x=-\infty}^{\infty} f(x,y)dx = \int_{x=-\infty}^{\infty} \frac{1}{k}xydx = \frac{y}{24}\int_{x=1}^{3} xdx$$

$$= \frac{y}{24}\cdot\frac{x^2}{2}\Big|_{x=1}^{3} = \frac{y}{6}，2 \le y \le 4$$

另解

$$f_Y(y) = \frac{d}{dy}F_Y(y) = \frac{d}{dy}[\frac{y^2-4}{12}] = \frac{y}{6}$$

（註：驗算；$\int_{y=-\infty}^{\infty} f_Y(y)dy = \int_{y=2}^{4}\frac{y}{6}dy = \frac{1}{6}\cdot\frac{y^2}{2}\Big|_{y=2}^{4} = 1$）

例4 若連續隨機變數 X,Y 的聯合機率密度函數為

$$f_{X,Y}(x,y) = \begin{cases} k(x+2y), & 1 \le x \le 3, 2 \le y \le 4 \\ 0, & 其他地方 \end{cases}$$

求：(1)k 之值？(2) $P(1 \leq X \leq 2, 2 \leq Y \leq 3) = ?$ (3)X 和 Y 的
聯合累積分布函數？(4)X 的邊際機率分布函數？
(5)Y 的邊際機率分布函數？(6) X 的邊際機率密度
函數？(7)Y 的邊際機率密度函數？

解 (1) 全部的機率和要為 1，即

$$\int_{x=1}^{3}\int_{y=2}^{4} k(x+2y)dydx = 1 \Rightarrow k\int_{x=1}^{3}(xy+y^2)\Big|_{y=2}^{4}dx = 1$$

$$\Rightarrow k\int_{x=1}^{3}(2x+12)dx = 1 \Rightarrow k(x^2+12x)\Big|_{1}^{3} = 1$$

$$\Rightarrow 32k = 1 \Rightarrow k = \frac{1}{32}$$

(2) $P(1 \leq X \leq 2, 2 \leq Y \leq 3) = \int_{x=1}^{2}\int_{y=2}^{3} k(x+2y)dydx$

$$= \frac{1}{32}\int_{x=1}^{2}(xy+y^2)\Big|_{y=2}^{3}dx = \frac{1}{32}\int_{x=1}^{2}(x+5)dx$$

$$= \frac{1}{32}(\frac{x^2}{2}+5x)\Big|_{x=1}^{2} = \frac{13}{64}$$

(3) X 和 Y 的聯合累積分布函數

$$F(a,b) = P(X \leq a, Y \leq b) = \int_{x=-\infty}^{a}\int_{y=-\infty}^{b} f(x,y)dydx$$

$$= \int_{x=1}^{a}\int_{y=2}^{b}\frac{1}{32}(x+2y)dydx$$

$$= \frac{1}{32}\int_{x=1}^{a}(xy+y^2)\Big|_{y=2}^{b}dx$$

$$= \frac{1}{32}\int_{x=1}^{a}(xb+b^2-2x-4)dx$$

$$= \frac{1}{32}(\frac{bx^2}{2}+b^2x-x^2-4x)\Big|_{x=1}^{a}$$

$$= \frac{1}{32}(\frac{a^2b}{2}+ab^2-a^2-b^2-4a-\frac{b}{2}+5)$$

$$F(x, y) = \frac{1}{32}(\frac{x^2 y}{2} + xy^2 - x^2 - y^2 - 4x - \frac{y}{2} + 5)$$

其中：$1 \leq x \leq 3$，$2 \leq y \leq 4$

（註：驗算 $F(3, 4) = 1$，沒錯）

(4) X 的邊際機率分布函數

$$P(X \leq a) = F_X(a) = \int_{x=-\infty}^{a} \int_{y=-\infty}^{\infty} f(x, y) dy dx$$

$$= \int_{x=1}^{a} \int_{y=2}^{4} \frac{1}{32}(x + 2y) dy dx = \frac{1}{32} \int_{x=1}^{a} (xy + y^2)\Big|_{y=2}^{4} dx$$

$$= \frac{1}{32} \int_{x=1}^{a} (2x + 12) dx = \frac{1}{32}(a^2 + 12a - 13)$$

$$F_X(x) = \frac{1}{32}(x^2 + 12x - 13)，其中：1 \leq x \leq 3$$

（註：驗算 $F_X(3) = 1$，沒錯）

(5) Y 的邊際機率分布函數

$$P(Y \leq b) = F_Y(b) = \int_{y=-\infty}^{b} \int_{x=-\infty}^{\infty} f(x, y) dx dy$$

$$= \int_{y=2}^{b} \int_{x=1}^{3} \frac{1}{32}(x + 2y) dx dy = \frac{1}{32} \int_{y=2}^{b} (\frac{x^2}{2} + 2xy)\Big|_{x=1}^{3} dy$$

$$= \frac{1}{32} \int_{y=2}^{b} (4 + 4y) dy = \frac{1}{16}(b^2 + 2b - 8)$$

$$F_Y(y) = \frac{1}{16}(y^2 + 2y - 8)，2 \leq y \leq 4$$

（註：驗算 $F_X(4) = 1$，沒錯）

(6) X 的邊際機率密度函數

$$f_X(x) = \int_{y=-\infty}^{\infty} f(x, y) dy = \int_{y=-\infty}^{\infty} \frac{1}{k}(x + 2y) dy$$

$$= \frac{1}{32} \int_{y=2}^{4} (x + 2y) dy = \frac{1}{16}(x + 6)，1 \leq x \leq 3$$

另解

$$f_X(\text{x}) = \frac{d}{dx} F_X(x) = \frac{d}{dx}[\frac{1}{32}(x^2 + 12x - 13)] = \frac{1}{16}(x + 6)$$

（註：驗算 $\int_{x=-\infty}^{\infty} f_X(x)dx = \int_{x=1}^{3} \frac{1}{16}(x + 6)dx$

$$= \frac{1}{16} \cdot (\frac{x^2}{2} + 6x)\Big|_{x=1}^{3} = 1，沒錯）$$

(7) Y 的邊際機率密度函數

$$f_Y(\text{y}) = \int_{\text{x}=-\infty}^{\infty} \text{f(x, y)dx} = \int_{\text{x}=-\infty}^{\infty} \frac{1}{\text{k}}(\text{x} + 2\text{y})\text{dx}$$

$$= \frac{1}{32}\int_{\text{x}=1}^{3}(\text{x} + 2\text{y})\text{dx} = \frac{1}{8}(y + 1)，2 \le y \le 4$$

另解

$$f_Y(\text{y}) = \frac{d}{dy} F_Y(y) = \frac{d}{dy}[\frac{1}{16}(y^2 + 2y - 8)] = \frac{1}{8}(y + 1)$$

（註：驗算：$\int_{y=-\infty}^{\infty} f_Y(y)dy = \int_{y=2}^{4} \frac{(y+1)}{8}dy = 1，沒錯）$

例5 若連續隨機變數 X,Y 的聯合機率密度函數爲

$$f(x, y) = \begin{cases} \dfrac{1}{3}, & 下圖的灰色區域(R)， \\ 0, & 其他地方 \end{cases}$$

求 $F(x, y)$ 的聯合累積分布函數？

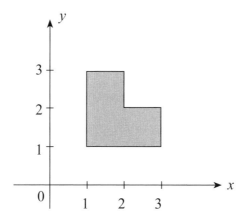

做法 (1) 要將區域 R 分割成多個區域，個別求解。

(2) 要求 $F(x, y)$ 時，就從原點 $(0,0)$ 到點 $(x, y)$ 做一長方形，若長方形包圍的區域有變化時，就要分成不同區域來解。

解 (1) $x < 1$ 或 $y < 1$，$F(x, y) = 0$

(2) $1 < x < 2$ 且 $1 < y < 3$，

$$F(a,b) = \int_{x=1}^{a} \int_{y=1}^{b} \frac{1}{3} dy dx = \frac{1}{3}(a-1)(b-1)$$

$$\Rightarrow F(x,y) = \frac{1}{3}(x-1)(y-1)$$

(3) $1 < x < 2$ 且 $3 < y < \infty$，

$$F(a,b) = \int_{x=1}^{a} \int_{y=1}^{3} \frac{1}{3} dy dx = \frac{2}{3}(a-1)$$

$$\Rightarrow F(x,y) = \frac{2}{3}(x-1)$$

(4) $2 < x < 3$ 且 $1 < y < 2$，

$$F(a,b) = \int_{x=1}^{a} \int_{y=1}^{b} \frac{1}{3} dy dx = \frac{1}{3}(a-1)(b-1)$$

$$\Rightarrow F(x,y) = \frac{1}{3}(x-1)(y-1)$$

(5) $2 < x < 3$ 且 $2 < y < 3$，

$$F(a,b) = \int_{x=1}^{a} \int_{y=1}^{2} \frac{1}{3} dy dx + \int_{x=1}^{2} \int_{y=2}^{b} \frac{1}{3} dy dx = \frac{1}{3}(a-1) + \frac{1}{3}(b-2)$$

$$\Rightarrow F(x,y) = \frac{1}{3}(x-1) + \frac{1}{3}(y-2)$$

(6) $2 < x < 3$ 且 $3 < y < \infty$，

$$F(a,b) = \int_{x=1}^{2} \int_{y=1}^{3} \frac{1}{3} dy dx + \int_{x=2}^{a} \int_{y=1}^{2} \frac{1}{3} dy dx = \frac{2}{3} + \frac{1}{3}(a-2)$$

$$\Rightarrow F(x,y) = \frac{2}{3} + \frac{1}{3}(x-2)$$

(7) $3 < x < \infty$ 且 $1 < y < 2$，

$$F(a,b) = \int_{x=1}^{3} \int_{y=1}^{b} \frac{1}{3} dy dx = \frac{2}{3}(b-1)$$

$$\Rightarrow F(x,y) = \frac{2}{3}(y-1)$$

(8) $3 < x < \infty$ 且 $2 < y < 3$，

$$F(a,b) = \int_{x=1}^{3} \int_{y=1}^{2} \frac{1}{3} dy dx + \int_{x=1}^{2} \int_{y=2}^{b} \frac{1}{3} dy dx = \frac{2}{3} + \frac{1}{3}(b-2)$$

$$\Rightarrow F(x,y) = \frac{2}{3} + \frac{1}{3}(y-2)$$

(9) $3 < x < \infty$ 且 $3 < y < \infty$，$F(x,y) = 1$

6.【**有條件限制的多隨機變數**】若 X 和 Y 為二個隨機變數，且此兩隨機變數有相互的條件限制，例如：$0 \le x \le y \le 1$ 或 $x + y > 1$ 等，要求其聯合機率密度函數的積分做法有二：

做法 1：做圖法：設 R 為此條件限制在 xy 平面的一個區域，就將區域 R 在 xy 平面做出其圖，若函數 $f(x, y)$ 的積分範圍是區域 $R$，表示它要求 $\iint_R f(x, y)$，

(a) 若區域 $R = \{(x, y) \mid a \le x \le b,\ f_1(x) \le y \le f_2(x)\}$，如圖 1 所示，則

$$\iint_R f(x, y) = \int_a^b \int_{f_1(x)}^{f_2(x)} f(x, y) dy dx$$

$$= \int_a^b \left[ \int_{f_1(x)}^{f_2(x)} f(x, y) dy \right] dx$$

（因變數 y 可以表示成在 $f_1(x)$ 和 $f_2(x)$ 之間，所以先積分 y，再將區域 R 投影到 x 軸上，其範圍介於 a 和 b 之間）

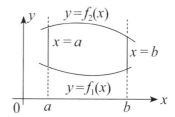

圖 1　二重積分的圖例，先積分 y，再積分 x

(b) 若區域 $R = \{(x, y) \mid g_1(y) \le x \le g_2(y), c \le y \le d\}$，如圖 2 所示，則

$$\iint_R f(x, y) = \int_c^d \int_{g_1(y)}^{g_2(y)} f(x, y)dxdy = \int_c^d \left[ \int_{g_1(y)}^{g_2(y)} f(x, y)dx \right] dy$$

（因變數 x 可以表示成在 $g_1(y)$ 和 $g_2(y)$ 之間，所以先積分 x，再將區域 R 投影到 y 軸上，其範圍介於 c 和 d 之間）

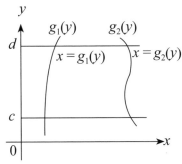

圖 2　二重積分的圖例，先積分 x，再積分 y

(c) 若區域 $R = \{(x, y) \mid a \leq x \leq b, f_1(x) \leq y \leq f_2(x)\} \cup$

$\{(x, y) \mid b \leq x \leq c, g_1(x) \leq y \leq g_2(x)\}$，如圖 3 所示，則

$$\iint_R f(x, y) = \int_a^b \int_{f_1(x)}^{f_2(x)} f(x, y)dydx + \int_b^c \int_{g_1(x)}^{g_2(x)} f(x, y)dydx$$

（若 $a \leq x \leq c$ 內，有多個不同的函數，如本例有 $f_1(x)$、$g_1(x)$ 和 $f_2(x)$、$g_2(x)$，則這些不同的函數要各自積分）

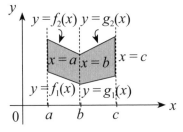

圖 3　二重積分的圖例，先積分 y，再積分 x

做法 2：若條件限制為 $0 \le x \le y \le 1$，可直接找出區域 R 的範圍，再積分（見例 6）。

**例 6** 若連續隨機變數 X,Y 的聯合機率密度函數為

$$f_{X,Y}(x,y) = \begin{cases} 2, & 0 \le x \le y \le 1 \\ 0, & \text{其他地方} \end{cases}$$

證明它是一機率密度函數

**做法** 因 $0 \le x \le y \le 1$，此兩 $x, y$ 有相互關連性，所以積分積 $x$ 和 $y$ 的範圍時，就要考慮此一關聯性，其做法有三種：

(a) 若先對 $x$ 積分，$x$ 的積分範圍為 $0 \le x \le y$（$x$ 的相鄰二個不等號）；再對 $y$ 積分，$y$ 的積分範圍為 $0 \le y \le 1$（將 $0 \le x \le y \le 1$ 的 $x$ 去掉）

(b) 若先對 $y$ 積分，$y$ 的積分範圍為 $x \le y \le 1$（$y$ 的相鄰二個不等號）；再對 $x$ 積分，$x$ 的積分範圍為 $0 \le x \le 1$（將 $0 \le x \le y \le 1$ 的 $y$ 去掉）

(c) 做圖法。

**解** 即要證明 $\int_{-\infty}^{\infty} \int_{-\infty}^{\infty} f_{X,Y}(x,y)dydx = 1$

方法 (a) 先對 $x$ 積分，再對 $y$ 積分：

$$\int_{-\infty}^{\infty} \int_{-\infty}^{\infty} f_{X,Y}(x,y)dxdy = \int_0^1 \int_0^y 2dxdy = \int_0^1 2x \big|_0^y \, dy$$

$$= \int_0^1 2ydy = y^2 \big|_0^1 = 1$$

方法 (b) 先對 $y$ 積分，再對 $x$ 積分：

$$\int_{-\infty}^{\infty} \int_{-\infty}^{\infty} f_{X,Y}(x,y)dydx = \int_0^1 \int_x^1 2dydx = \int_0^1 2y \big|_x^1 dx$$

$$= \int_0^1 2(1-x)dx = (2x - x^2) \big|_0^1 = 1$$

方法 (c) 做圖法（見下圖），若先對 $x$ 積分，則 $x$ 從 $x=0$
積到 $x=y$，再對 $y$ 積分，將灰色的區域投影到
$y$ 軸上，$y$ 從 0 積到 1。

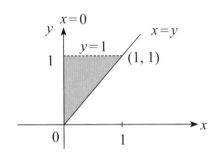

$$\int_{-\infty}^{\infty}\int_{-\infty}^{\infty} f_{X,Y}(x,y)dxdy = \int_0^1\int_0^y 2dxdy = \int_0^1 2x\,\big|_0^y\,dy$$

$$= \int_0^1 2ydy = y^2\,\big|_0^1 = 1$$

（註：此方法列的式子和上面的方法 (a) 或 (b) 同）

註：做圖法也可以先對 $y$ 積分，$y$ 從 $y=x$ 積到
$y=1$，再對 $x$ 積分，將灰色區域投影到 $x$
軸上，$x$ 從 0 積到 1。

例 7　若 $f_{X,Y}(x,y) = \begin{cases} 2, & 0 \le y \le x \le 1 \\ 0, & \text{其他地方} \end{cases}$，求 X 和 Y 的聯合累積
分布函數？

解　做圖法（見下圖），此題 x 的積分上限為 a；y 的積分
上限為 b：若先積 x，x 從 x = y 積到 x = a，再積 y，將
灰色區域投影到 y 軸，y 從 0 積到 b。

$$F(a,b) = \int_0^b \int_y^a 2dxdy = \int_0^b 2x \big|_{x=y}^a dy = \int_0^b 2(a-y)dy$$

$$= (2ay - y^2)\big|_{y=0}^b = 2ab - b^2$$

$F(x,y) = 2xy - y^2$（將上式 $a, b$ 改成 $x, y$）

驗算：$F(1,1) = 2 \cdot 1 \cdot 1 - 1^2 = 1$（沒錯）

$$且 \frac{\partial^2 F(x,y)}{\partial y \partial x} = f_{X,Y}(x,y) \text{（沒錯）}$$

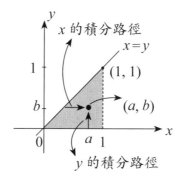

例 8　若連續隨機變數 X,Y 的聯合機率密度函數為

$$f_{X,Y}(x,y) = \begin{cases} c, & 0 \le x - y \le 2，x \ge 0，0 \le y \le 4 \\ 0, & 其他地方 \end{cases}$$

求 c 值？

解　如下圖，先積 x，x = y 積到 x = y + 2，再積 y，y 從 0
積到 4

$$\int_{-\infty}^{\infty} \int_{-\infty}^{\infty} f_{X,Y}(x,y)dxdy = 1$$

$$\Rightarrow \int_0^4 \int_y^{y+2} cdxdy = 1$$

$$\Rightarrow c \int_0^4 x \big|_{x=y}^{y+2} \, dy = 1$$

$$\Rightarrow c \int_0^4 2dy = 1 \quad \Rightarrow c = \frac{1}{8}$$

驗算：下圖灰色區域的面積為 8（沒錯）

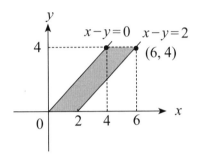

另解　此題若先積 $y$，要由 $x = 2$ 和 $x = 4$ 切割，分成
三個區域，即

$$\int_0^2 \int_0^x cdydx + \int_2^4 \int_{x-2}^x cdydx + \int_4^6 \int_{x-2}^4 cdydx$$

例 9　若連續隨機變數 X, Y 的聯合機率密度函數為

$$f_{X,Y}(x,y) = e^{-y} , 0 < x < y < \infty$$

求 $P(X+Y \geq 1) = ?$

解　如下圖，$x + y \geq 1$ 和 $0 < x < y$ 圍成的區域來積分，
$x+y=1$ 和 $x=y$ 二條直線相交於點 $(\frac{1}{2}, \frac{1}{2})$，由 $x = \frac{1}{2}$ 處垂
直分成二個區域，

$$\int_{-\infty}^{\infty} \int_{-\infty}^{\infty} f_{X,Y}(x,y)dxdy$$

$$= \int_0^{\frac{1}{2}} \int_{1-x}^{\infty} e^{-y}dydx + \int_{\frac{1}{2}}^{\infty} \int_x^{\infty} e^{-y}dydx$$

$$= \int_0^{\frac{1}{2}} e^{x-1} dx + \int_{\frac{1}{2}}^{\infty} e^{-x} dx$$

$$= e^{x-1} \Big|_0^{1/2} - e^{-x} \Big|_{1/2}^{\infty}$$

$$= 2e^{-1/2} - e^{-1}$$

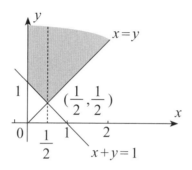

[另解]　若先積 $x : \int_{\frac{1}{2}}^1 \int_{1-y}^y e^{-y} dxdy + \int_1^{\infty} \int_0^y e^{-y} dxdy$

[例 10]　若連續隨機變數 X,Y 的聯合機率密度函數為

$$f_{X,Y}(x,y) = \begin{cases} cx, & 1 \le x+y \le 2 , x \ge 0 , y \ge 0 \\ 0, & \text{其他地方} \end{cases}$$

求 c 值？

[解]　如下圖，$1 \le x+y \le 2$ 分成二個區域來積分，即區域
ABCE 和區域 CDE，

$$\int_{-\infty}^{\infty} \int_{-\infty}^{\infty} f_{X,Y}(x,y) dxdy = 1$$

$$\Rightarrow \int_0^1 \int_{1-x}^{2-x} cxdydx + \int_1^2 \int_0^{2-x} cxdydx = 1$$

$$\Rightarrow c\int_0^1 xy \Big|_{y=1-x}^{2-x} dx + c\int_1^2 xy \Big|_{y=0}^{2-x} dx = 1$$

$$\Rightarrow c\int_0^1 xdx + c\int_1^2 (2x - x^2) dx = 1 \Rightarrow c = \frac{6}{7}$$

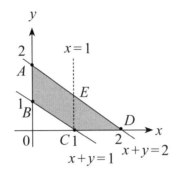

7. 【獨立隨機變數】設 X、Y 爲二隨機變數（以下離散或連續均成立），

(1) 若對所有的 X=x，Y=y，均是獨立的，則 X、Y 稱爲獨立隨機變數（independent random variables），此時

　　(a) 聯合累積分布函數可分開成 $F(x, y) = F_X(x) F_Y(y)$；或

　　(b) 聯合機率密度函數可分開成 $f(x, y) = f_X(x) f_Y(y)$；

　　此爲充分且必要條件

(2) 若 $F(x, y)$ 無法表示成 $F_X(x) F_Y(y)$ 或 $f(x, y)$ 無法表示成 $f_X(x) \cdot f_Y(y)$，則 X、Y 爲相依的（dependent）隨機變數

例 11　請問 (1) 例 1、(2) 例 2、(3) 例 3 和 (4) 例 4，的二隨機變數是否獨立？

解　(1) 由例 1 知，$p(x, y) = \dfrac{1}{72}(x + 2y)$，$p_X(x) = \dfrac{1}{24}(x + 6)$，

$p_Y(y) = \dfrac{1}{12}(y + 1)$

因 $p(x, y) \neq p_X(x) \cdot p_Y(y)$

X, Y 二隨機變數不是獨立隨機變數

[另解] 由例 1 知

$$F(x, y) = \frac{x(y-1)}{144}(x + 2y + 5)$$

$$F_X(x) = \frac{x^2 + 13x}{48} \text{, } F_Y(y) = \frac{(y-1)(y+4)}{24}$$

$$F(x, y) \neq F_X(x) \cdot F_Y(y)$$

(2) 由例 2 知，$p(x, y) = kxy = \frac{xy}{30}$，$p_X(x) = \frac{x}{3}$，

$p_Y(y) = \frac{y}{10}$

因 $p(x, y) = p_X(x) \cdot p_Y(y)$

X, Y 二隨機變數為獨立隨機變數

(3) 由例 3 知，$f(\mathrm{x}, \mathrm{y}) = \frac{xy}{24}$，$f_X(\mathrm{x}) = \frac{x}{4}$，$f_Y(\mathrm{y}) = \frac{y}{6}$

因 $f_X(x) \cdot f_Y(y) = f(x, y)$

所以 X, Y 二隨機變數為獨立隨機變數

[另解] 由例 3 知

$$F(x, y) = \frac{1}{96}(x^2 - 1)(y^2 - 4) \text{，} F_X(x) = \frac{x^2 - 1}{8} \text{，}$$

$$F_Y(y) = \frac{y^2 - 4}{12}$$

$$F_X(x)\, F_Y(y) = \frac{x^2 - 1}{8} \cdot \frac{y^2 - 4}{12} = F(x, y)$$

所以 X, Y 二隨機變數為獨立隨機變數

(4) 由例 4 知，$f(\mathrm{x}, \mathrm{y}) = \frac{1}{32}(x + 2y)$，$f_X(\mathrm{x}) = \frac{1}{16}(x + 6)$，

$f_Y(\mathrm{y}) = \frac{1}{8}(y + 1)$

因 $f_X(x) \cdot f_Y(y) \neq f(x, y)$

所以 X,Y 二隨機變數不是獨立隨機變數

[另解] 由例 4 知

$$F(x, y) = \frac{1}{32}(\frac{x^2 y}{2} + xy^2 - x^2 - y^2 - 4x - \frac{y}{2} + 5) \text{,}$$

$$F_X(x) = \frac{1}{32}(x^2 + 12x - 13) \text{,}$$

$$F_Y(y) = \frac{1}{16}(y^2 + 2y - 8)$$

$F_X(x)\, F_Y(y) \neq F(x, y)$

所以 X,Y 二隨機變數不是獨立隨機變數

## 4.2 聯合分布的期望值、變異數、共變異數、相關係數、動差母函數、特徵函數

8. 【**離散隨機變數的期望值、變異數**】設 X, Y 為二「離散」隨機變數，若其聯合機率質量函數為 $p(x, y)$ 且 $p_X(x)$ 和 $p_Y(y)$ 為邊際機率質量函數，則

(1) X、Y 的期望值分別為：

$$E(X) = \mu_X = \sum_x \sum_y xp(x, y) = \sum_x x \sum_y p(x, y) = \sum_x x\, p_X(x)$$

$$E(Y) = \mu_Y = \sum_x \sum_y yp(x, y) = \sum_y y \sum_x p(x, y) = \sum_y y\, p_Y(y)$$

$$E(XY) = \mu_{XY} = \sum_x \sum_y xyp(x, y)$$

且 $E(X+Y) = E(X) + E(Y)$（離散或連續均成立）

可推廣到：

$$E(X_1 + X_2 + \cdots + X_n) = E(X_1) + E(X_2) + \cdots + E(X_n)$$

(2) X、Y 的變異數分別為：

$$Var(X) = \sigma_X^2 = E[(X - \mu_X)^2] = E(X^2) - [E(X)]^2$$

$$= \sum_x \sum_y (x - \mu_X)^2 p(x, y) = \sum_x (x - \mu_X)^2 \sum_y p(x, y)$$

$$= \sum_x (x - \mu_X)^2 p_X(x)$$

$$Var(Y) = \sigma_Y^2 = E[(Y - \mu_Y)^2] = E(Y^2) - [E(Y)]^2$$

$$= \sum_x \sum_y (y - \mu_Y)^2 p(x, y) = \sum_y (y - \mu_Y)^2 \sum_x p(x, y)$$

$$= \sum_y (y - \mu_Y)^2 p_Y(y)$$

9. 【函數的期望值】設 X,Y 為二離散隨機變數，其聯合機率質量函數為 $p(x_i, y_j)$，則

(1) 函數 $g(X, Y)$ 的期望值為：

$$E[g(X,Y)] = \sum_{i=-\infty}^{\infty} \sum_{j=-\infty}^{\infty} g(x_i, y_j) p(x_i, y_j)$$

(2) $E[g(X, Y) \pm h(X, Y)] = E[g(X, Y)] \pm E[h(X, Y)]$

10. 【獨立變數的期望值、變異數】設 X,Y 為二「獨立」隨機變數（離散或連續），則（非獨立變數，無此特性）

(1) $E(XY) = E(X)E(Y)$

(2) $Var(X+Y) = Var(X) + Var(Y)$ 或 $\sigma_{X+Y}^2 = \sigma_X^2 + \sigma_Y^2$

(3) $Var(X-Y) = Var(X) + Var(Y)$ 或 $\sigma_{X-Y}^2 = \sigma_X^2 + \sigma_Y^2$

(4) $Var(aX + bY) = a^2 Var(X) + b^2 Var(Y)$

---

例 12 （同例 1）若離散隨機變數 X,Y 的聯合機率質量函數為

$$p(x,y) = \begin{cases} \dfrac{1}{72}(x + 2y), & 1 \le x \le 3, 2 \le y \le 4, x, y \in N \\ 0, & \text{其他地方} \end{cases}$$

求：(1)$E(X)$，(2)$E(Y)$，(3)$E(X + Y)$，(4)$E(XY)$，(5)$E(X^2)$，(6)$E(Y^2)$，(7)$Var(X)$，(8)$Var(Y)$

解 (1) $E(X) = \mu_X = \sum_x \sum_y x p(x,y)$

$$= \sum_{x=1}^{3} \sum_{y=2}^{4} x \cdot \frac{1}{72}(x + 2y) = \frac{1}{72} \sum_{x=1}^{3} x \sum_{y=2}^{4} (x + 2y)$$

$$= \frac{1}{72} \sum_{x=1}^{3} x[(x + 2 \cdot 2) + (x + 2 \cdot 3) + (x + 2 \cdot 4)]$$

$$= \frac{1}{72} \sum_{x=1}^{3} (3x^2 + 18x)$$

$$= \frac{1}{72}[3 \cdot (1^2 + 2^2 + 3^2) + 18 \cdot (1 + 2 + 3)]$$

$$= \frac{25}{12}$$

另解 由例 1 知，$p_X(x) = \frac{1}{24}(x+6)$

$$E(X) = \sum_x x p_X(x) = \sum_{x=1}^{3} x \cdot \frac{1}{24}(x+6) = \frac{25}{12}$$

(2) $E(Y) = \mu_Y = \sum_x \sum_y y p(x, y)$

$$= \sum_{x=1}^{3} \sum_{y=2}^{4} y \cdot \frac{1}{72}(x+2y) = \frac{1}{72} \sum_{x=1}^{3} \sum_{y=2}^{4} (xy + 2y^2)$$

$$= \frac{1}{72} \sum_{x=1}^{3} (9x + 58) = \frac{19}{6}$$

另解 由例 1 知，$p_Y(y) = \frac{1}{12}(y+1)$

$$E(Y) = \sum_y y p_Y(y) = \sum_{y=2}^{4} y \cdot \frac{1}{12}(y+1) = \frac{19}{6}$$

(3) $E(X+Y) = E(X) + E(Y)$

$$= \frac{25}{12} + \frac{19}{6} = \frac{21}{4}$$

(4) $E(XY)$：因 X 和 Y 非獨立隨機變數，所以要重做

$$E(XY) = \mu_{XY} = \sum_x \sum_y xy p(x, y)$$

$$= \sum_{x=1}^{3} \sum_{y=2}^{4} xy \cdot \frac{1}{72}(x+2y) = \frac{1}{72} \sum_{x=1}^{3} \sum_{y=2}^{4} (x^2 y + 2xy^2)$$

$$= \frac{1}{72} \sum_{x=1}^{3} (9x^2 + 58x) = \frac{79}{12}$$

$(5)\ E(X^2) = \sum_x \sum_y x^2 p(x,y)$

$$= \sum_{x=1}^{3} \sum_{y=2}^{4} x^2 \cdot \frac{1}{72}(x+2y) = \frac{1}{72} \sum_{x=1}^{3} \sum_{y=2}^{4} (x^3 + 2x^2 y)$$

$$= \frac{1}{72} \sum_{x=1}^{3} (3x^3 + 18x^2) = 5$$

【另解】 $E(X^2) = \sum_x \sum_y x^2 p(x,y)$

$$= \sum_x x^2 p_X(x) = \sum_{x=1}^{3} x^2 \cdot \frac{1}{24}(x+6) = 5$$

$(6)\ E(Y^2) = \sum_x \sum_y y^2 p(x,y)$

$$= \sum_{x=1}^{3} \sum_{y=2}^{4} y^2 \cdot \frac{1}{72}(x+2y) = \frac{1}{72} \sum_{x=1}^{3} \sum_{y=2}^{4} (xy^2 + 2y^3)$$

$$= \frac{1}{72} \sum_{x=1}^{3} (29x + 198) = \frac{32}{3}$$

【另解】 $E(Y^2) = \sum_x \sum_y y^2 p(x,y) = \sum_y y^2 p_Y(y)$

$$= \sum_{y=2}^{4} y^2 \cdot \frac{1}{12}(y+1) = \frac{32}{3}$$

$(7)\ Var(X) = E(X^2) - [E(X)]^2$

$$= 5 - (\frac{25}{12})^2 = \frac{95}{144}$$

【另解】 $Var(X) = \sum_x (x - \mu_X)^2 p_X(x)$

$$= \sum_{x=1}^{3} (x - \frac{25}{12})^2 \cdot \frac{1}{24}(x+6)$$

$$= \frac{95}{144}$$

(8) $Var(Y) = E(Y^2) - [E(Y)]^2$

$$= \frac{32}{3} - (\frac{19}{6})^2 = \frac{23}{36}$$

另解 $Var(Y) = \sum_y (y - \mu_Y)^2 p_Y(y)$

$$= \sum_{y=2}^{4} (y - \frac{19}{6})^2 \cdot \frac{1}{12}(y+1)$$

$$= \frac{23}{36}$$

例 13 （同例 2）若離散隨機變數 X,Y 的聯合機率質量函數為

$$p(x,y) = \begin{cases} \frac{1}{30}xy, & 0 \le x \le 2, 1 \le y \le 4, \ x, y \in Z \\ 0, & 其他地方 \end{cases}$$

求：$(1)E(X)$，$(2)E(Y)$，$(3)E(X+Y)$，$(4)E(XY)$，
$(5)E(X^2)$，$(6)E(Y^2)$，$(7)Var(X)$，$(8)Var(Y)$，
$(9)Var(X-Y)$

解 $(1)\ E(X) = \mu_X = \sum_x \sum_y xp(x,y)$

$$= \sum_{x=0}^{2} \sum_{y=1}^{4} x \cdot \frac{1}{30}xy = \frac{1}{30} \sum_{x=0}^{2} x^2 \sum_{y=1}^{4} y$$

$$= \frac{1}{30}(0^2 + 1^2 + 2^2)(1+2+3+4) = \frac{5}{3}$$

$(2)\ E(Y) = \mu_Y = \sum_x \sum_y yp(x,y)$

$$= \sum_{x=0}^{2} \sum_{y=1}^{4} y \cdot \frac{1}{30}xy = \frac{1}{30} \sum_{x=0}^{2} x \sum_{y=1}^{4} y^2$$

$$= \frac{1}{30}(0+1+2)(1^2 + 2^2 + 3^2 + 4^2) = 3$$

(3) $E(X+Y)=E(X)+E(Y)$

$$=\frac{5}{3}+3=\frac{14}{3}$$

(4) $E(XY)$：因隨機變數 X 和 Y 是獨立，所以

$$E(XY)=E(X)E(Y)=\frac{5}{3}\cdot 3=5$$

(5) $E(X^2)\ =\sum_x\sum_y x^2 f(x,y)$

$$=\sum_{x=0}^{2}\sum_{y=1}^{4}x^2\cdot\frac{1}{30}xy=\frac{1}{30}\sum_{x=0}^{2}x^3\sum_{y=1}^{4}y$$

$$=\frac{1}{30}(0^3+1^3+2^3)(1+2+3+4)=3$$

(6) $E(Y^2)\ =\sum_x\sum_y y^2 f(x,y)$

$$=\sum_{x=0}^{2}\sum_{y=1}^{4}y^2\cdot\frac{1}{30}xy=\frac{1}{30}\sum_{x=0}^{2}x\sum_{y=1}^{4}y^3=10$$

(7) $Var(X)=E(X^2)-[E(X)]^2$

$$=3-(\frac{5}{3})^2=\frac{2}{9}$$

(8) $Var(Y)=E(Y^2)-[E(Y)]^2$

$$=10-(3)^2=1$$

(9) 因 $X, Y$ 獨立，所以

$$Var(X-Y)=Var(X)+Var(Y)=\frac{2}{9}+1=\frac{11}{9}$$

11.【連續隨機變數的期望值、變異數】設 X、Y 為二「連續」
隨機變數，若其聯合機率密度函數為 $f(x, y)$ 且 $f_x(x)$，$f_Y(y)$
為邊際機率密度函數，則

(1) X、Y 的期望值分別為：

$$E(X) = \mu_X = \int_{-\infty}^{\infty} \int_{-\infty}^{\infty} xf(x, y)dxdy$$

$$= \int_{-\infty}^{\infty} x \int_{-\infty}^{\infty} f(x, y)\, dydx = \int_{-\infty}^{\infty} xf_X(x)\, dx$$

$$E(Y) = \mu_Y = \int_{-\infty}^{\infty} \int_{-\infty}^{\infty} yf(x, y)dxdy$$

$$= \int_{-\infty}^{\infty} y \int_{-\infty}^{\infty} f(x, y)\, dxdy = \int_{-\infty}^{\infty} yf_Y(y)\, dy$$

$$E(XY) = \mu_{XY} = \int_{-\infty}^{\infty} \int_{-\infty}^{\infty} xyf(x, y)dxdy$$

(2) X、Y 的變異數分別為：

$$Var(X) = \sigma_X^2 = E[(X - \mu_X)^2] = \int_{-\infty}^{\infty} \int_{-\infty}^{\infty} (x - \mu_X)^2 f(x, y)dxdy$$

$$Var(Y) = \sigma_Y^2 = E[(Y - \mu_Y)^2] = \int_{-\infty}^{\infty} \int_{-\infty}^{\infty} (y - \mu_Y)^2 f(x, y)dxdy$$

12.【函數的期望值】令 X,Y 為二連續隨機變數，其聯合機率
密度函數為 $f(x, y)$，則

(1) 函數 $g(X, Y)$ 的期望值為：

$$E[g(X, Y)] = \int_{-\infty}^{\infty} \int_{-\infty}^{\infty} g(x, y) f(x, y)dxdy$$

(2) $E[g(X, Y) \pm h(X, Y)] = E[g(X, Y)] \pm E[h(X, Y)]$

例 14 （同例 3）若連續隨機變數 X,Y 的聯合機率密度函數為

$$f(x, y) = \begin{cases} \dfrac{1}{24}xy, & 1 \le x \le 3, 2 \le y \le 4 \\ 0, & \text{其他地方} \end{cases}$$

求：(1)$E(X)$，(2)$E(Y)$，(3)$E(X+Y)$，(4)$E(XY)$，

(5)$E(X^2)$，(6)$E(Y^2)$，(7)$Var(X)$，　(8)$Var(Y)$，

(9)$g(X, Y) = 2x^2 + 3xy + 4y^2 + 5$，求 $E[g(X, Y)]$

解 (1) $E(X) = \mu_X = \int_x \int_y xf(x, y)dydx$

$$= \int_{x=1}^{3} \int_{y=2}^{4} x \cdot \frac{1}{24} xy\,dydx$$

$$= \frac{1}{24} \int_{x=1}^{3} x^2 dx \int_{y=2}^{4} y\,dy$$

$$= \frac{1}{24} \cdot \frac{x^3}{3} \Big|_{x=1}^{3} \cdot \frac{y^2}{2} \Big|_{y=2}^{4} = \frac{13}{6}$$

另解 由 例 3 知，$f_X(x) = \dfrac{x}{4}$

$$E(X) = \int_{-\infty}^{\infty} x f_X(x)\,dx = \int_1^3 x \cdot \frac{x}{4}\,dx = \frac{13}{6}$$

(2) $E(Y) = \mu_Y = \int_x \int_y yf(x, y)dydx$

$$= \int_{x=1}^{3} \int_{y=2}^{4} y \cdot \frac{1}{24} xy\,dydx$$

$$= \frac{1}{24} \int_{x=1}^{3} x\,dx \int_{y=2}^{4} y^2 dy$$

$$= \frac{1}{24} \cdot \frac{x^2}{2} \Big|_{x=1}^{3} \cdot \frac{y^3}{3} \Big|_{y=2}^{4} = \frac{28}{9}$$

另解 由 例 3 知，$f_Y(y) = \dfrac{y}{6}$

$$E(Y) = \int_{-\infty}^{\infty} y f_Y(y)\,dy = \int_2^4 y \cdot \frac{y}{6}\,dy = \frac{28}{9}$$

(3) $E(X+Y) = E(X) + E(Y)$

$$= \frac{13}{6} + \frac{28}{9} = \frac{95}{18}$$

(4) $E(XY)$：因隨機變數 X 和 Y 是獨立，所以

$$E(XY) = E(X)E(Y) = \frac{13}{6} \cdot \frac{28}{9} = \frac{182}{27}$$

(5) $E(X^2)$ $= \int_x \int_y x^2 f(x,y)dydx$

$$= \int_{x=1}^{3} \int_{y=2}^{4} x^2 \cdot \frac{1}{24} xy\,dydx$$

$$= \frac{1}{24} \int_{x=1}^{3} x^3 dx \int_{y=2}^{4} y\,dy$$

$$= \frac{1}{24} \cdot \frac{x^4}{4}\bigg|_{x=1}^{3} \cdot \frac{y^2}{2}\bigg|_{y=2}^{4} = 5$$

另解 $E(X^2) = \int_x \int_y x^2 f(x,y)dydx$

$$= \int_x x^2 f_X(x)dx$$

$$= \int_{x=1}^{3} x^2 \cdot \frac{x}{4} dx = 5$$

(6) $E(Y^2)$ $= \int_x \int_y y^2 f(x,y)dydx$

$$= \int_{x=1}^{3} \int_{y=2}^{4} y^2 \cdot \frac{1}{24} xy\,dydx$$

$$= \frac{1}{24} \int_{x=1}^{3} x\,dx \int_{y=2}^{4} y^3 dy$$

$$= \frac{1}{24} \cdot \frac{x^2}{2}\bigg|_{x=1}^{3} \cdot \frac{y^4}{4}\bigg|_{y=2}^{4} = 10$$

$\boxed{另解}$ $E(Y^2) = \int_x \int_y y^2 f(x, y)dydx$

$$= \int_y y^2 f_Y(y)dy$$

$$= \int_{y=2}^{4} y^2 \cdot \frac{y}{6}dy = 10$$

(7) $Var(X) = E(X^2) - [E(X)]^2$

$$= 5 - (\frac{13}{6})^2 = \frac{11}{36}$$

$\boxed{另解}$ $Var(X) = \int_x \int_y (x - \mu_X)^2 f(x, y)dydx$

$$= \int_x (x - \mu_X)^2 f_X(x)dx = \frac{11}{36}$$

(8) $Var(Y) = E(Y^2) - [E(Y)]^2$

$$= 10 - (\frac{28}{9})^2 = \frac{26}{81}$$

$\boxed{另解}$ $Var(Y) = \int_x \int_y (y - \mu_Y)^2 f(x, y)dydx$

$$= \int_y (y - \mu_Y)^2 f_Y(y)dy = \frac{26}{81}$$

(9) $E[g(X, Y)] = 2E(X^2) + 3E(XY) + 4E(Y^2) + 5$

$$= 2 \cdot 5 + 3 \cdot \frac{182}{27} + 4 \cdot 10 + 5 = \frac{677}{9}$$

$\boxed{例\ 15}$ 若連續隨機變數 X,Y 的聯合機率密度函數為

$$f(x, y) = \begin{cases} \dfrac{1}{36}(x + 2y), & 0 \le x \le 2, 2 \le y \le 4 \\ 0, & 其他地方 \end{cases}$$

求：(1)$E(X)$，(2)$E(Y)$，(3)$E(X+Y)$，(4)$E(XY)$，(5)$E(X^2)$，

(6)$E(Y^2)$，(7)$Var(X)$，(8)$Var(Y)$

解 (1) $E(X) = \mu_X = \int_x \int_y x f(x, y) dy dx$

$$= \int_{x=0}^{2} \int_{y=2}^{4} x \cdot \frac{1}{36} (x + 2y) dy dx$$

$$= \frac{1}{36} \int_{x=0}^{2} x \int_{y=2}^{4} (x + 2y) dy dx$$

$$= \frac{1}{36} \int_{x=0}^{2} x \cdot (xy + y^2) \Big|_{y=2}^{4} dx$$

$$= \frac{1}{36} \int_{x=0}^{2} (2x^2 + 12x) dx = \frac{22}{27}$$

(2) $E(Y) = \mu_Y = \int_x \int_y y f(x, y) dy dx$

$$= \int_{x=0}^{2} \int_{y=2}^{4} y \cdot \frac{1}{36} (x + 2y) dy dx$$

$$= \frac{1}{36} \int_{x=0}^{2} \int_{y=2}^{4} (xy + 2y^2) dy dx$$

$$= \frac{1}{36} \int_{x=0}^{2} (6x + \frac{112}{3}) dx = \frac{65}{27}$$

(3) $E(X + Y) = E(X) + E(Y)$

$$= \frac{22}{27} + \frac{65}{27} = \frac{87}{27}$$

(4) $E(XY) = \int_x \int_y xy f(x, y) dy dx$

$$= \int_{x=0}^{2} \int_{y=2}^{4} xy \cdot \frac{1}{36} (x + 2y) dy dx$$

$$= \frac{1}{36} \int_{x=0}^{2} \int_{y=2}^{4} (x^2 y + 2xy^2) dy dx$$

$$= \frac{1}{36} \int_{x=0}^{2} (6x^2 + \frac{112}{3} x) dx = \frac{68}{27}$$

(5) $E(X^2)$ $= \int_x \int_y x^2 f(x,y)dydx$

$= \int_{x=0}^2 \int_{y=2}^4 x^2 \cdot \frac{1}{36}(x+2y)dydx$

$= \frac{1}{36} \int_{x=0}^2 \int_{y=2}^4 (x^3 + 2x^2 y)dydx$

$= \frac{1}{36} \int_{x=0}^2 (2x^3 + 12x^2)dx = \frac{10}{9}$

(6) $E(Y^2)$ $= \int_x \int_y y^2 f(x,y)dydx$

$= \int_{x=0}^2 \int_{y=2}^4 y^2 \cdot \frac{1}{36}(x+2y)dydx$

$= \frac{1}{36} \int_{x=0}^2 \int_{y=2}^4 (xy^2 + 2y^3)dydx$

$= \frac{1}{36} \int_{x=0}^2 \left( \frac{56}{3}x + 120 \right)dx = \frac{208}{27}$

(7) $Var(X) = E(X^2) - [E(X)]^2$

$= \frac{10}{9} - (\frac{22}{27})^2 = \frac{326}{729}$

(8) $Var(Y) = E(Y^2) - [E(Y)]^2$

$= \frac{208}{27} - (\frac{65}{27})^2 = \frac{1391}{729}$

例 16 設隨機變數 $X, Y$ 的聯合機率密度函數 $f(x, y)$ 為

$$f(x,y) = \begin{cases} 2e^{-x}e^{-y}, & 0 \le x < y < \infty \\ 0, & 其他地方 \end{cases}$$

求：(1) 隨機變數 $X$ 的邊際機率密度函數 $f_x(x)$，(2) $E(X)$，

(3) $Var(X)$

**解** (1) $f_X(x) = \int_{-\infty}^{\infty} f(x, y)dy = \int_{x}^{\infty} 2e^{-x}e^{-y}dy = -2e^{-x}e^{-y} \mid_{y=x}^{\infty} = 2e^{-2x}$ ,

$0 \le x < \infty$

(2) $E(X) = \int_{-\infty}^{\infty} xf_X(x)dx = \int_{0}^{\infty} x \cdot 2e^{-2x}dx$

$= 2\left[ -\frac{1}{2}xe^{-2x} - \frac{1}{4}e^{-2x} \right]_{0}^{\infty} = \frac{1}{2}$

(3) $E(X^2) = \int_{-\infty}^{\infty} x^2 f_X(x)dx = \int_{0}^{\infty} x^2 \cdot 2e^{-2x}dx$

$= 2\left[ -\frac{1}{2}x^2e^{-2x} - \frac{1}{2}xe^{-2x} - \frac{1}{4}e^{-2x} \right]_{0}^{\infty} = \frac{1}{2}$

$\text{Var(X)} = E(X^2) - [E(X)]^2 = \frac{1}{2} - \left(\frac{1}{2}\right)^2 = \frac{1}{4}$

**例 17** 試證：$E(X+Y) = E(X) + E(Y)$

**證明** $E(X+Y) = \sum_{x} \sum_{y} (x+y)p(x, y)$

$= \sum_{x} \sum_{y} xp(x, y) + \sum_{x} \sum_{y} yp(x, y)$

$= E(X) + E(Y)$

**例 18** 試證：若隨機變數 X,Y 獨立，$E(XY) = E(X)E(Y)$

**證明** 設離散隨機變數 X,Y 的聯合機率質量函數為 $p(x, y)$，

若隨機變數 X,Y 獨立，則

$p(x, y) = p_X(x)p_Y(y)$，且

$E(XY) = \sum_{x} \sum_{y} xyp(x, y) = \sum_{x} \sum_{y} xyp_X(x)p_Y(y)$

$= \sum_{x} \left[ xp_X(x) \sum_{y} yp_Y(y) \right]$

$$= \sum_x x p_X(x) \sum_y y p_Y(y)$$

$$= E(X)E(Y)$$

例 19 試證：若隨機變數 X,Y 獨立，則 $Var(X+Y) = Var(X) + Var(Y)$

證明 $Var(X+Y) = E\left[(X+Y-(\mu_X+\mu_Y))^2\right]$

$$= E\left[((X-\mu_X)+(Y-\mu_Y))^2\right]$$

$$= E\left[(X-\mu_X)^2 + 2(X-\mu_X)(Y-\mu_Y) + (Y-\mu_Y)^2\right]$$

$$= E\left[(X-\mu_X)^2\right] + 2E\left[(X-\mu_X)(Y-\mu_Y)\right] + E\left[(Y-\mu_Y)^2\right]$$

$$\cdots(1)$$

因隨機變數 X,Y 獨立，

$$E\left[(X-\mu_X)(Y-\mu_Y)\right] = E(X-\mu_X)E(Y-\mu_Y) = 0$$

(1) 式 $= Var(X) + Var(Y)$

---

13.【隨機變數共變異數】

(1) X、Y 二隨機變數的共變異數（Covariance）定義為：

$$Cov(X,Y) = \sigma_{XY} = E[(X-\mu_X)(Y-\mu_Y)]$$

$$= \sum_x \sum_y (x-\mu_X)(y-\mu_Y)p(x,y) \quad （離散型）$$

或

$$Cov(X,Y) = \sigma_{XY} = \int_{-\infty}^{\infty} \int_{-\infty}^{\infty} (x-\mu_X)(y-\mu_Y)f(x,y)dxdy$$

$$（連續型）$$

(2) 變異數是共變異數的一種特例，也就是「變異數」是「變數」與「變數」自身的共變異數，即

$$\sigma_{XX} = Cov(X,X) = E[(X-\mu_X)^2] = Var(X) = \sigma_X^2$$

或隨機變數 $X$ 和 $X$ 的共變異數就是其變異數。

(3) 共變異數用於衡量兩個隨機變數的聯合變化程度：

  (a) 如果兩個變數的變化趨勢一致，也就是如果其中一個大於自身的期望值，另外一個也大於自身的期望值，那麼這兩個變數之間的共變異數就是正值。

  (b) 如果兩個變數的變化趨勢相反，即其中一個大於自身的期望值，另外一個卻小於自身的期望值，那麼這兩個變數之間的共變異數就是負值。

14.【共變異數性質】若 $a, b \in R$，底下是幾個共變異數的重要性質：

(1) $Cov(X,Y) = \sigma_{XY} = E[(X-\mu_X)(Y-\mu_Y)]$
$$= E(XY) - E(X)E(Y) = E(XY) - \mu_X\mu_Y$$

(2) $Var(X \pm Y) = Var(X) + Var(Y) \pm 2Cov(X,Y)$

  或 $\sigma_{X\pm Y}^2 = \sigma_X^2 + \sigma_Y^2 \pm 2\sigma_{XY}$

(3) $|\sigma_{XY}| \leq \sigma_X \sigma_Y$

(4) 若 X、Y 為二「獨立」隨機變數，則 $Cov(X, Y) = \sigma_{XY} = 0$
但若 $Cov(X, Y) = \sigma_{XY} = 0$，X、Y 不一定是二獨立的隨機變數，即它是充分非必要條件。

(5) 設 X、Y 為二隨機變數，且 $X' = aX+b$、$Y' = cY+d$，則
$$Cov(X',Y') = abCov(X,Y)$$

(6) 共變異數用於衡量兩個隨機變數的聯合變化程度，但其值會因隨機變數 X 和 Y 值的大小不同而變化很大，所以常用下一段的「相關係數」來做標準化。

例 20 求 (1) 例 12，(2) 例 13，(3) 例 14，(4) 例 15，的共變異數 $Cov(X, Y)$

解 (1) 由例 12 知，$E(X) = \dfrac{25}{12}$，$E(Y) = \dfrac{19}{6}$，$E(XY) = \dfrac{79}{12}$

$$Cov(X,Y) = \sigma_{XY} = E[(X - \mu_X)(Y - \mu_Y)]$$

$$= E(XY) - E(X)E(Y)$$

$$= \frac{79}{12} - \frac{25}{12} \cdot \frac{19}{6} = \frac{-1}{72}$$

(2) 由例 13 知，$E(X) = \dfrac{5}{3}$，$E(Y) = 3$，$E(XY) = 5$

$$Cov(X,Y) = \sigma_{XY} = E(XY) - E(X)E(Y)$$

$$= 5 - \frac{5}{3} \cdot 3 = 0$$

另解 因 X、Y 獨立，則 $\sigma_{XY} = Cov(X,Y) = 0$

(3) 因 X、Y 獨立，則 $\sigma_{XY} = Cov(X,Y) = 0$

(4) 由例 15 知，$E(X) = \dfrac{22}{27}$，$E(Y) = \dfrac{65}{27}$，$E(XY) = \dfrac{68}{27}$

$$Cov(X,Y) = \sigma_{XY} = E(XY) - E(X)E(Y)$$

$$= \frac{68}{27} - \frac{22}{27} \cdot \frac{65}{27} = \frac{406}{729}$$

例 21 試證：$\sigma_{XY} = E(XY) - E(X)E(Y) = E(XY) - \mu_X \mu_Y$

證明 $Cov(X,Y) = \sigma_{XY} = E[(X - \mu_X)(Y - \mu_Y)]$

$$= E[XY - X\mu_Y - \mu_X Y + \mu_X \mu_Y] \ (\mu_X, \mu_Y \ 均為常數)$$

$$= E[XY] - E[X]\mu_Y - \mu_X E[Y] + \mu_X \mu_Y$$

$$= E[XY] - E[X]E[Y] - E[X]E[Y] + E[X]E[Y]$$

$$= E[XY] - E[X]E[Y]$$

例 22 試明：若隨機變數 X, Y 獨立，則 $\sigma_{XY}=0$

證明 因隨機變數 X, Y 獨立 $\Rightarrow E[XY]=E[X]E[Y]$

所以 $\sigma_{XY} = E[XY] - E[X]E[Y] = 0$

例 23 試證 $Var(aX+bY) = a^2 Var(X) + b^2 Var(Y) + 2abCov(X,Y)$

證明 $Var(aX+bY) = E\{[(aX+bY)-(a\mu_X+b\mu_Y)]^2\}$

$= E\{[a(X-\mu_X)+b(Y-\mu_Y)]^2\}$

$= a^2 E[(X-\mu_X)^2] + 2abE[(X-\mu_X)(Y-\mu_Y)] + b^2 E[(Y-\mu_Y)^2]$

$= a^2 Var(X) + 2abCov(X,Y) + b^2 Var(Y)$

---

15.【相關係數】

(1)「相關係數（correlation coefficient）」是用來量測 X、Y 二隨機變數的相關程度或相依程度。相關係數 $\rho$ 的定義如下：

$$\rho = \frac{\sigma_{XY}}{\sigma_X \sigma_Y}$$

它是沒有單位的量。

(2) $\rho$ 值在 [−1, 1] 之間，若其絕對值越接近 1，表示 X,Y 的線性相依性越好，即將其機率函數的值在 xy 平面上做圖，會接近一條直線。

(3) $\rho=1$ 時稱爲「完全線性相依」，（$\rho=-1$ 時稱爲「完全線性負相依」），也就是 $\sigma_{XY}=\sigma_X\sigma_Y$（因 $\rho=1$），此時將 $(x_i, y_i)$ 在 XY 平面作圖，會得到一組在直線上的點。

(4) 若 X、Y 爲二「獨立」的隨機變數，則其 $\sigma_{XY}=0$，也就是 $\rho=0$；但若 $\rho=0$（共變異數也爲 0）的兩個隨機變數稱爲是不相關的（X 和 Y 不一定獨立），即它們是充分非必要條件。

(5)若 X、Y 的相關係數為 $\rho$，$X'=aX+b$、$Y'=cY+d$ 的相
關係數為 $\rho'$，則 $\rho'=\rho$。

例 24　設隨機變數 X,Y 的 $E(X) = 1$，$Var(X) = 2$，$E(Y) = 3$，
$Var(Y) = 4$，$Cov(X, Y) = 1$，求

(1) $E(2X + 3Y + 4) = ?$　(2) $E(XY) = ?$

(3)$Var(2X + 3Y + 4) = ?$ (4) $Cov(X + Y, X - Y) = ?$

(5)$\rho(X + Y, X - Y) = ?$

解　(1) $E(2X + 3Y + 4) = 2E(X) + 3E(Y) + 4 = 2 \cdot 1 + 3 \cdot 3 + 4 = 15$

(2) $Cov(X,Y) = E(XY) - E(X)E(Y) = 1$

　　$\Rightarrow E(XY) = 1 + E(X)E(Y) = 1 + 1 \cdot 3 = 4$

(3) $Var(2X + 3Y + 4) = Var(2X + 3Y)$

　　$= 4Var(X) + 12Cov(X,Y) + 9Var(Y) = 4 \cdot 2 + 12 \cdot 1 + 9 \cdot 4$

　　$= 56$

(4) $Cov(X + Y, X - Y) = E[(X + Y)(X - Y)] - E(X + Y)E(X - Y)$

　　$= E(X^2) - E(Y^2) - [E(X) + E(Y)][E(X) - E(Y)]$

　　$= E(X^2) - E(Y^2) - [E(X)]^2 + [E(Y)]^2$

　　$= Var(X) - Var(Y) = 2 - 4 = -2$

(5) $\rho(X + Y, X - Y) = \dfrac{Cov(X + Y, X - Y)}{\sigma_{X+Y}\sigma_{X-Y}}$

　　而 $\sigma_{X+Y}^2 = Var(X + Y) = Var(X) + Var(Y) + 2Cov(X, Y)$

　　　　$= 2 + 4 + 2 \times 1 = 8$

　　$\sigma_{X-Y}^2 = Var(X - Y) = Var(X) + Var(Y) - 2Cov(X, Y)$

　　　　$= 2 + 4 - 2 \times 1 = 4$

　　所以 $\rho(X + Y, X - Y) = \dfrac{-2}{\sqrt{8} \cdot \sqrt{4}} = \dfrac{-1}{2\sqrt{2}}$

16.【動差母函數的性質】若 X,Y 是二隨機變數，且其動差母
函數為分別為 $M_X(t)$ 和 $M_Y(t)$，則

(1) X 和 Y 有相同的機率分布的充要條件是 $M_X(t) = M_Y(t)$
（請參閱例 46, 47, 48）

(2) 若 X,Y 是二「獨立」的隨機變數，則

$M_{X+Y}(t) = M_X(t)M_Y(t)$（二獨立的隨機變數相加的動差母
函數等於個別的動差母函數相乘）

17.【聯合動差母函數】若多變數 $X_1, X_2, ..., X_k$ 的聯合機率質
量函數為 $p(x_1, x_2, ..., x_k)$，則（以離散為例）

(1) $M(t_1, t_2, \cdots, t_k) = E\left(e^{t_1 X_1 + t_2 X_2 + \cdots + t_k X_k}\right) = \sum_x e^{(t_1 x_1 + t_2 x_2 + \cdots + t_k x_k)} p(x_1, x_2, \cdots, x_k)$

（註：此處的 $\sum_x$ 表示 $\sum_{x_1} \sum_{x_2} \cdots \sum_{x_k}$ ）

(2) $M(0, \cdots, 0, t, 0, \cdots) = E\left(e^{tX_i}\right)$

(3) $\dfrac{\partial M}{\partial t_i}\big|_{(t_1=0, t_2=0, \cdots, t_n=0)} = E(X_i)$

(4) $\dfrac{\partial^2 M}{\partial t_i^2}\big|_{(t_1=0, t_2=0, \cdots, t_n=0)} = E(X_i^2)$

(5) $\dfrac{\partial^2 M}{\partial t_i \partial t_j}\big|_{(t_1=0, t_2=0, \cdots, t_n=0)} = E(X_i X_j)$

（請參閱例 43）

18.【特徵函數的性質】若 X,Y 是二隨機變數，且其特徵函數
為分別為 $\phi_X(\omega)$ 和 $\phi_Y(\omega)$，則

(1) X 和 Y 有相同的機率分布的充要條件是 $\phi_X(\omega) = \phi_Y(\omega)$

(2) 若 X,Y 是二「獨立」的隨機變數，則

$\phi_{X+Y}(\omega) = \phi_X(\omega)\phi_Y(\omega)$（二獨立的隨機變數相加的特徵函數等於個別的特徵函數相乘）

**例 25** 試證：若隨機變數 X,Y 獨立，則 $M_{X+Y}(t) = M_X(t)M_Y(t)$

**證明** $M_{X+Y}(t) = E\left[e^{t(X+Y)}\right] = E\left[e^{tX}e^{tY}\right] = E(e^{tX})E(e^{tY})$

$\qquad\qquad = M_X(t)M_Y(t)$

## 4.3 變數變換、卷積和多變數條件分布

### 4.3.1 變數變換

---

19.【**單一離散型隨機變數變換**】設 X 是一「離散」隨機變數，p(x) 是其機率質量函數，若 U 也是一離散隨機變數，它是 X 的函數，即 $U = \phi(X)$，且是一對一的函數，所以 X 可表示成 $X = \phi^{-1}(U) = \psi(U)$，則 U 的機率質量函數為：

$$g(u) = p[\psi(u)]$$

20.【**二個離散型隨機變數變換**】設 X 和 Y 是二個「離散」隨機變數，他們的聯合機率質量函數為 $p(x, y)$，若 U 和 V 也是二個離散隨機變數，它們是 X,Y 的函數，即 $U = \phi_1(X, Y)$、$V = \phi_2(X, Y)$，且它們是一對一的函數，所以 X,Y 可表示成 $X = \psi_1(U, V)$、$Y = \psi_2(U, V)$，則 U,V 的的聯合機率質量函數為：

$$g(u, v) = p[\psi_1(u, v) \, \psi_2(u, v)]$$

---

**例 26** 若離散隨機變數 X 的機率質量函數為

$$p_X(x) = \left(\frac{1}{2}\right)^x, \ x = 1,2,3,\cdots,$$

若 $Y = X^2 + 1$，求 Y 的機率質量函數 $p_Y(y)$？

**解** 因 $Y = X^2 + 1 \Rightarrow y = x^2 + 1 \Rightarrow x = \sqrt{y-1}$

（因 $x > 0$，根號只取正號）

且 $x = 1 \Rightarrow y = 2$；$x = 2 \Rightarrow y = 5$；$x = 3 \Rightarrow y = 10$；$\cdots$

$$p_Y(y) = p_X\left(\sqrt{y-1}\right) = \left(\frac{1}{2}\right)^{\sqrt{y-1}}, \ y = 2,5,10,\cdots$$

**例 27** 離散隨機變數 X, Y 的聯合機率質量函數為

$$p(x, y) = \begin{cases} \dfrac{1}{72}(x+2y), & 1 \le x \le 3, 2 \le y \le 4, x, y \in N \\ 0, & \text{其他地方} \end{cases}$$

若 $U = 2X + 3Y$、$V = 3X + 2Y$，求 $U$ 和 $V$ 的聯合機率質量函數？

**解** $u = 2x + 3y, v = 3x + 2y \Rightarrow x = \dfrac{1}{5}(3u - 2v), y = \dfrac{1}{5}(-2u + 3v)$

$$g(u, v) = p\left( \frac{1}{5}(3u - 2v), \frac{1}{5}(-2u + 3v) \right)$$

$$= \frac{1}{72} \cdot \frac{1}{5}[(3u - 2v) + 2(-2u + 3v)] = \frac{1}{360}(-u + 4v)$$

而 $\begin{cases} 1 \le x \le 3 \Rightarrow 2 \le 2x \le 6 \\ 2 \le y \le 4 \Rightarrow 6 \le 3y \le 12 \end{cases} \Rightarrow 8 \le 2x + 3y \le 18 \Rightarrow 8 \le u \le 18$

$\begin{cases} 1 \le x \le 3 \Rightarrow 3 \le 3x \le 9 \\ 2 \le y \le 4 \Rightarrow 4 \le 2y \le 8 \end{cases} \Rightarrow 7 \le 3x + 2y \le 17 \Rightarrow 7 \le v \le 17$

即 $g(u, v) = \dfrac{1}{360}(-u + 4v), 8 \le u \le 18, 7 \le v \le 17$

---

21.【單一連續型隨機變數變換】設 X 是「連續」隨機變數，其機率密度函數為 $f(x)$，若 U 也是一連續隨機變數，他是 X 的函數，即 $U = \phi(X)$，且是一對一的函數，所以 X 可表示成 $X = \phi^{-1}(U) = \psi(U)$，則 U 的機率密度函數 $g(u)$ 為

$$g(u)|du| = f(x)|dx|$$

$$\Rightarrow g(u) = f(x)\left| \frac{dx}{du} \right| = f[\psi(u)]|\psi'(u)|$$

註：(1)因機率密度函數不可以是負值，所以 $\psi'(u)$ 要加絕對值

(2)若 $U=\phi(X)$ 非一對一的函數，其做法有二（見例30）

   (a) 將 $x$ 的範圍分成一對一區段和非一對一區段，先求其累積分布函數再微分（見第三章例6, 7）

   (b) 將 $x$ 的範圍分成多段，每段均為一對一區段，再用本方法解之

## 22.【二個連續型隨機變數變換】設 X 和 Y 是二個「連續」隨機變數，他們的聯合機率密度函數為 $f(x, y)$，若 U 和 V 也是二個「連續」隨機變數，他們是 X,Y 的函數，即 $U=\phi_1(X, Y)$、$V=\phi_2(X, Y)$，且他們是一對一的函數，所以 X,Y 可表示成 $X=\psi_1(U, V)$、$Y=\psi_2(U, V)$，則 U,V 的的聯合機率密度函數 $g(u, v)$ 為

$$g(u,v)\partial(u,v) = f(x,y)\partial(x,y)$$

$$\Rightarrow g(u,v) = f(x,y)\left|\frac{\partial(x,y)}{\partial(u,v)}\right| = f[\psi_1(u,v),\psi_2(u,v)]|J|$$

其中 J 是 Jacobian 行列式，$J = \dfrac{\partial(x,y)}{\partial(u,v)} = \begin{vmatrix} \dfrac{\partial x}{\partial u} & \dfrac{\partial x}{\partial v} \\ \dfrac{\partial y}{\partial u} & \dfrac{\partial y}{\partial v} \end{vmatrix}$

註：因機率密度函數不可以是負值，所以 $J$ 要加絕對值

例 28　隨機變數 X 的機率密度函數為

$$f(x) = \begin{cases} \dfrac{x^2}{72}, & 0 < x < 6 \\ 0, & 其他地方 \end{cases}$$

若 $Y=2X+3$，求隨機變數 Y 的機率密度函數？

解 因 $Y = 2X + 3$ 為一對一的函數，所以

$$y = 2x + 3 \Rightarrow x = \frac{1}{2}(y-3) \text{ 且 } dx = \frac{1}{2}dy$$

$$\Rightarrow g(y) = f(x)\left|\frac{dx}{dy}\right| = f\left[\frac{y-3}{2}\right] \cdot \frac{1}{2}$$

$$= \frac{1}{72}\left(\frac{y-3}{2}\right)^2 \cdot \frac{1}{2} = \frac{(y-3)^2}{576}$$

又 $0 < x < 6 \Rightarrow 3 < 2x + 3 < 15 \Rightarrow 3 < y < 15$

例29 若連續隨機變數 X, Y 的聯合機率密度函數為

$$f_{X,Y}(x,y) = \begin{cases} \dfrac{1}{24}xy, & 1 \le x \le 3, 2 \le y \le 4 \\ 0, & \text{其他地方} \end{cases}$$

若 $U = 2X + 3Y$、$V = 3X + 2Y$，求 $U$ 和 $V$ 的聯合機率密度函數？

解 $u = 2x + 3y, v = 3x + 2y \Rightarrow x = \frac{1}{5}(3u - 2v), y = \frac{1}{5}(-2u + 3v)$

$$g(u,v) = f(x,y)\left|\frac{\partial(x,y)}{\partial(u,v)}\right| = f\left[\psi_1(u,v), \psi_2(u,v)\right]|J|$$

$$\cdots(1)$$

而 $J = \dfrac{\partial(x,y)}{\partial(u,v)} = \begin{vmatrix} \dfrac{\partial x}{\partial u} & \dfrac{\partial x}{\partial v} \\ \dfrac{\partial y}{\partial u} & \dfrac{\partial y}{\partial v} \end{vmatrix} = \begin{vmatrix} \dfrac{3}{5} & \dfrac{-2}{5} \\ \dfrac{-2}{5} & \dfrac{3}{5} \end{vmatrix} = \dfrac{5}{25} = \dfrac{1}{5}$

$(1) \Rightarrow g(u,v) = f\left(\frac{1}{5}(3u - 2v), \frac{1}{5}(-2u + 3v)\right) \cdot \frac{1}{5}$

$$= \frac{1}{24} \cdot \frac{1}{5}(3u - 2v) \cdot \frac{1}{5}(-2u + 3v) \cdot \frac{1}{5} = \frac{1}{3000}(3u - 2v)(-2u + 3v)$$

而 $\begin{cases} 1 \le x \le 3 \Rightarrow 2 \le 2x \le 6 \\ 2 \le y \le 4 \Rightarrow 6 \le 3y \le 12 \end{cases} \Rightarrow 8 \le 2x + 3y \le 18 \Rightarrow 8 \le u \le 18$

$\begin{cases} 1 \le x \le 3 \Rightarrow 3 \le 3x \le 9 \\ 2 \le y \le 4 \Rightarrow 4 \le 2y \le 8 \end{cases} \Rightarrow 7 \le 3x + 2y \le 17 \Rightarrow 7 \le v \le 17$

即 $g(u, v) = \dfrac{1}{3000}(3u - 2v)(-2u + 3v)$, $8 \le u \le 18$, $7 \le v \le 17$

**例 30** 隨機變數 X 的機率密度函數為

$$f(x) = \begin{cases} \dfrac{x^2}{81}, & -3 < x < 6 \\ 0, & \text{其他地方} \end{cases}$$

若 $Y = X^2$，求隨機變數 Y 的機率密度函數？

**解** 因 $Y = X^2$ 在 $-3 < x < 3$ 處並非一對一的函數，所以不能用本節的方法來解，要將它分成有一對一和非一對一的二區段來解，即

(1) 非一對一區段：$-3 < x < 3 \Rightarrow 0 \le y < 9$ (註：不包含 $\pm 3$)

$G(y) = P(Y \le y) = P(X^2 \le y) = P(-\sqrt{y} \le X \le \sqrt{y})$

$\quad\quad = \displaystyle\int_{-\sqrt{y}}^{\sqrt{y}} f(x)\,dx$

(2) 為一對一區段：$3 \le x < 6 \Rightarrow 9 \le y < 36$

$G(y) = P(Y \le y) = P(X^2 \le y) = P(3 \le X \le \sqrt{y})$

$\quad\quad = \displaystyle\int_{3}^{\sqrt{y}} f(x)\,dx$

上面二段的 G(y) 對 y 微分，可得到機率密度函數 g(y)，由 Leibniz's rule 知

(1) $g(y) = \displaystyle\int_{-\sqrt{y}}^{\sqrt{y}} \dfrac{df(x)}{dy}\,dx + f(\sqrt{y})\dfrac{d\sqrt{y}}{dy} - f(-\sqrt{y})\dfrac{d(-\sqrt{y})}{dy}$

$\quad\quad = 0 + \dfrac{1}{2}\dfrac{f(\sqrt{y})}{\sqrt{y}} + \dfrac{1}{2}\dfrac{f(-\sqrt{y})}{\sqrt{y}}$ ，$0 \le y < 9$

$$(2)\, g(y) = \int_3^{\sqrt{y}} \frac{df(x)}{dy}\, dx + f(\sqrt{y}) \frac{d\sqrt{y}}{dy} - f(3) \frac{d3}{dy}$$

$$= 0 + \frac{1}{2} \frac{f(\sqrt{y})}{\sqrt{y}} - 0 \,,\, 9 \le y < 36$$

$$\Rightarrow g(y) = \begin{cases} \dfrac{f(\sqrt{y}) + f(-\sqrt{y})}{2\sqrt{y}}, & 0 \le y < 9 \\[3mm] \dfrac{f(\sqrt{y})}{2\sqrt{y}}, & 9 \le y < 36 \\[3mm] 0, & \text{其他地方} \end{cases}$$

因 $f(x) = \dfrac{x^2}{81} \Rightarrow f(\sqrt{y}) = f(-\sqrt{y}) = \dfrac{y}{81}$，代入上式，得

$$g(y) = \begin{cases} \sqrt{y}/81, & 0 < y < 9 \\ \sqrt{y}/162, & 9 < y < 36 \\ 0, & \text{其他地方} \end{cases}$$

驗證：$\displaystyle\int_0^9 \frac{\sqrt{y}}{81}\, dy + \int_9^{36} \frac{\sqrt{y}}{162}\, dy = \frac{2y^{3/2}}{243}\Big|_0^9 + \frac{y^{3/2}}{243}\Big|_9^{36} = 1$（正確）

〔另解〕將它分成二段一對一的區段來解，即分成 $-3 < x \le 0$
和 $0 \le x < 6$ 二段：

$(1)\, -3 < x \le 0 \Rightarrow 0 \le y < 9$（不包含 $y = 9$）

$$g_{Y_1}(y) = f_X(x) \left| \frac{dx}{dy} \right| \cdots\cdots (A)$$

$$y = x^2 \Rightarrow x = -\sqrt{y} \,,\, dx = \frac{-1}{2\sqrt{y}}\, dy$$

$$(A)\, 式 \Rightarrow g_{Y_1}(y) = f_X(x) \left| \frac{dx}{dy} \right| = f_X(-\sqrt{y}) \left| \frac{-1}{2\sqrt{y}} \right| = \frac{\sqrt{y}}{162}$$

$(2)\ 0 \le x < 6 \Rightarrow 0 \le y < 36$（包含 $y = 9$）

$$g_{Y_2}(y) = f_X(x)\left|\frac{dx}{dy}\right| \cdots\cdots(B)$$

$$y = x^2 \Rightarrow x = \sqrt{y} \text{ , } dx = \frac{1}{2\sqrt{y}}dy$$

(B) 式 $\Rightarrow g_{Y_2}(y) = f_X(x)\left|\frac{dx}{dy}\right| = f_X(\sqrt{y})\left|\frac{1}{2\sqrt{y}}\right| = \frac{\sqrt{y}}{162}$

$(1)+(2) \Rightarrow g_Y(y) = g_{Y_1}(y) + g_{Y_2}(y)$

（註：有重疊的部分（ $0 < y < 9$ ）相加）

$$g(y) = \begin{cases} \dfrac{\sqrt{y}}{81}, & 0 \le y < 9 \\[2mm] \dfrac{\sqrt{y}}{162}, & 9 \le y < 36 \end{cases}$$

**例 31** 若隨機變數 R 和 $\Theta$ 的聯合機率密度函數為

$$f(r,\theta) = \frac{1}{2\pi}e^{-r} \text{ , } 0 \le \theta < \pi \text{ , } r \ge 0$$

且隨機變數 $X = R\cos(\Theta)$ 和 $Y = R\sin(\Theta)$，

求 $X, Y$ 的聯合機率密度函數？

**解** $x = r\cos(\theta)$ 和 $y = r\sin(\theta)$

$\Rightarrow r = \sqrt{x^2 + y^2}$ ， $\theta = \tan^{-1}\left(\dfrac{y}{x}\right)$

$$g(x,y) = f(r,\theta)\left|\frac{\partial(r,\theta)}{\partial(x,y)}\right|$$

$$\frac{\partial(r,\theta)}{\partial(x,y)} = \begin{vmatrix} \dfrac{\partial r}{\partial x} & \dfrac{\partial r}{\partial y} \\[2mm] \dfrac{\partial \theta}{\partial x} & \dfrac{\partial \theta}{\partial y} \end{vmatrix} = \begin{vmatrix} \dfrac{x}{\sqrt{x^2+y^2}} & \dfrac{y}{\sqrt{x^2+y^2}} \\[3mm] \dfrac{-y}{x^2+y^2} & \dfrac{x}{x^2+y^2} \end{vmatrix} = \frac{1}{\sqrt{x^2+y^2}}$$

$$g(x,y) = f(r,\theta) \left| \frac{\partial(r,\theta)}{\partial(x,y)} \right| = f\left( \sqrt{x^2 + y^2}, \tan^{-1}\left( \frac{y}{x} \right) \right) \cdot \frac{1}{\sqrt{x^2 + y^2}}$$

$$= 2\pi e^{-\sqrt{x^2 + y^2}} \cdot \frac{1}{\sqrt{x^2 + y^2}}, \; x \in R, \; y \geq 0$$

### 4.3.2 卷積

23.【卷積】

(1) 設 X、Y 為二「連續」隨機變數，若其聯合機率密度函數為 $f(x, y)$，則 $U = X + Y$ 的機率密度函數為

$$g(u) = \int_{-\infty}^{\infty} f(x, u - x)dx \; , \; (U = X + Y \Rightarrow Y = U - X)$$

(2) 若 X、Y 為二獨立的「連續」隨機變數，即

$$f(x, y) = f_X(x)f_Y(y) \; ,$$

則上式的 $g(u)$ 可改寫成

$$g(u) = \int_{-\infty}^{\infty} f_X(x)f_Y(u - x)dx$$

此式稱為 $f_X$ 和 $f_Y$ 的卷積（convolution，或翻譯成摺積、迴轉），可簡寫成 $f_X * f_Y$。

24.【卷積性質】卷積有下面的性質

(1) $f_X * f_Y = f_Y * f_X$

(2) $f_X * (f_Y * f_Z) = (f_X * f_Y) * f_Z$

(3) $f_X * (f_Y + f_Z) = f_X * f_Y + f_X * f_Z$

例 32　若 X 和 Y 是二獨立的隨機變數，且其機率密度函數分別為

$$f_X(x) = \begin{cases} 2e^{-2x}, & x \geq 0 \\ 0, & x < 0 \end{cases}, \quad f_Y(y) = \begin{cases} e^{-y}, & y \geq 0 \\ 0, & y < 0 \end{cases}$$

求 $U = X + Y$ 的聯合機率密度函數

解 因 X 和 Y 是二獨立的隨機變數且 $y \geq 0 \Rightarrow u - x \geq 0$

$\Rightarrow u \geq x \geq 0$（$x$ 從 0 積到 $u$）

$$g(u) = \int_{-\infty}^{\infty} f_X(x) f_Y(u-x) dx$$

$$= \int_0^u 2e^{-2x} \cdot e^{-(u-x)} dx = 2e^{-u} \int_0^u e^{-x} dx$$

$$= 2e^{-u} \cdot \left[ -e^{-x} \right]_0^u = -2e^{-2u} + 2e^{-u}$$

所以 $U = X + Y$ 的聯合機率密度函數

$$g(u) = \begin{cases} -2e^{-2u} + 2e^{-u}, & u \geq 0 \\ 0, & u < 0 \end{cases}$$

例 33 若二獨立連續隨機變數 X, Y 均爲在 $(0, 1)$ 間的均勻分布，求 $U = X + Y$ 的機率密度函數

解 $f_X(x) = \begin{cases} 1, & 0 < x < 1 \\ 0, & 其他地方 \end{cases}, \quad f_Y(y) = \begin{cases} 1, & 0 < y < 1 \\ 0, & 其他地方 \end{cases}$

因 X, Y 為二獨立的隨機變數，所以

$$g(u) = f_X * f_Y = \int_{-\infty}^{\infty} f_X(x) f_Y(u-x) dx$$

$0 < y = u - x < 1 \Rightarrow x < u$ 且 $x > u - 1$

又 $0 < x < 1 \Rightarrow 0 < x < u$（此時 $0 < u < 1$）且

$$1 > x > u - 1（此時 1 < u < 2）$$

要分二段來討論：

$(1)\,0 < x < u：g(u) = \int_0^u 1 \cdot 1 dx = x\,|_0^u = u$

$(2)\,1 > x > u-1：g(u) = \int_{u-1}^1 1 \cdot 1 dx = x\,|_{u-1}^1 = 2 - u$

所以 $g(u) = \begin{cases} u, & 0 < u < 1 \\ 2-u, & 1 < u < 2 \end{cases}$

（這種題目要注意 x 的積分範圍）

例 34 設 X、Y 為二連續隨機變數，若其聯合機率密度函數為 $f(x, y)$，試證：U＝X＋Y 的機率密度函數為

$$g(u) = \int_{-\infty}^{\infty} f(x, u-x) dx$$

證明 U＝X＋Y 的累積分布函數為（見下圖）

$$G(u) = \iint_{x+y<u} f(x, y) dx dy$$

$$= \int_{-\infty}^{\infty} \int_{-\infty}^{u-x} f(x, y) dy dx$$

利用 Leibniz's rule，對 u 微分

$$\frac{dG(u)}{du} = \int_{-\infty}^{\infty} \int_{-\infty}^{u-x} \frac{\partial f(x, y)}{\partial u} dy dx + \int_{-\infty}^{\infty} f(x, u-x) \cdot \frac{d(u-x)}{du} dx$$

$$- \int_{-\infty}^{\infty} f(x, -\infty) \frac{d(-\infty)}{du} dx$$

（註：因對 $y$ 積分，所以上、下限要取代 $y$ 的位置）

$$\Rightarrow g(u) = \int_{-\infty}^{\infty} f(x, u-x) dx$$

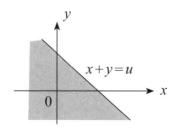

### 4.3.3 多變數條件分布

25.【條件分布】

(1)由第一章知，若 $P(A) \neq 0$，則條件機率

$$P(B \mid A) = \frac{P(A \cap B)}{P(A)}$$

(2)同理，若 $X$ 和 $Y$ 是二個隨機變數，且

    (a)離散型：$p(x, y)$ 是聯合機率質量函數，$p_X(x)$ 是 $x$ 的邊際機率質量函數，$p_Y(y)$ 是 $y$ 的邊際機率質量函數。

    (b)連續型：$f(x, y)$ 是聯合機率密度函數，$f_X(x)$ 是 $x$ 的邊際機率密度函數，$f_Y(y)$ 是 $y$ 的邊際機率密度函數。

    則「已知 $X = x$，$Y$ 的條件機率密度函數 (conditional probability density function of Y)」為：

    (a)離散型：$P(Y = y \mid X = x) = p(y \mid x) = \dfrac{p(x, y)}{p_X(x)}$

    (b)連續型：$f_{Y|X}(y \mid x) = \dfrac{f(x, y)}{f_X(x)}$

    （註：對於連續隨機變數，$X = x$ 表示 $x < X \leq x + dx$）

    同理，「已知 $Y = y$，$X$ 的條件機率密度函數」為：

    (a)離散型：$P(X = x \mid Y = y) = \dfrac{p(x, y)}{p_Y(y)}$

    (b)連續型：$f_{X|Y}(x \mid y) = \dfrac{f(x, y)}{f_Y(y)}$

(3)「已知 $X = x$，$Y$ 的條件累積分布函數」為：

(a)離散型：

$$F_{Y|X}(y\,|\,x) = P(Y \le y\,|\,X = x) = \sum_{v \le y} \mathrm{P}(Y = v\,|\,X = x)$$

(b)連續型：

$$F_{Y|X}(y\,|\,x) = P(Y \le y\,|\,X = x) = \int_{-\infty}^{y} f_{Y|X}(v\,|\,x)dv$$

它滿足 $\dfrac{d}{dy} F_{Y|X}(y\,|\,x) = f_{Y|X}(y\,|\,x)$

(4)若 $X, Y$ 獨立，則

(a)離散型：$p(x\,|\,y) = \dfrac{p(x,y)}{p_Y(y)} = \dfrac{p_X(x)p_Y(y)}{p_Y(y)} = p_X(x)$

(b)連續型：$f_{X|Y}(x\,|\,y) = \dfrac{f(x,y)}{f_Y(y)} = \dfrac{f_X(x)f_Y(y)}{f_Y(y)} = f_X(x)$

## 26.【條件期望值】

(1)已知 $X = x$，則 $Y$ 的條件期望值為

(a)離散型：$E(Y\,|\,X = x) = \sum_{y} yp(y\,|\,x)$。

(b)連續型：$E(Y\,|\,X = x) = \int_{-\infty}^{\infty} yf_{Y|X}(y\,|\,x)dy$

同理，$E(g(Y)\,|\,X = x) = \int_{-\infty}^{\infty} g(y)f_{Y|X}(y\,|\,x)dy$

（註：$E(Y)$ 和 $E(Y\,|\,X = x)$ 的不同處在於，前者公式代 $p(y)$，後者公式代 $p(y\,|\,x)$，其餘均相同。）

(2)$E(Y)[$ 或 $E(X)]$ 之值為：

(a)離散型：$E(Y) = \sum_{x_i} \mathrm{E}(y\,|\,X = x_i)p_X(x_i)$。

（註：此類似貝氏定理，即若 $X = \{x_1, x_2\}$，則

$$E(Y) = E(y\,|\,X = x_1)p_X(x_1) + E(y\,|\,X = x_2)p_X(x_2))$$

(b)連續型：$E(Y) = \int_{-\infty}^{\infty} E(Y\,|\,X = x)f_X(x)dx$

(3)若 $X, Y$ 獨立，則

$$E(Y \mid X = x) = \sum_y yp(y \mid x) = \sum_y yp_Y(y) = E(Y)$$

其中：(a) 離散型：$E(Y) = \sum_{x_i} E(y \mid X = x_i) p_X(x_i)$。

(b) 連續型：$E(Y) = \int_{-\infty}^{\infty} E(Y \mid X = x) f_X(x) dx$

27.【條件變異數】

(1)已知 $X = x$，要求 $Y$ 的條件變異數為：

(a)離散型：

$$Var(Y \mid X = x) = E[(Y - \mu_Y)^2 \mid X = x]$$
$$= \sum_y (y - \mu_Y)^2 p(y \mid x)$$

(b)連續型：

$$Var(Y \mid X = x) = E[(Y - \mu_Y)^2 \mid X = x]$$
$$= \int_{-\infty}^{\infty} (y - \mu_Y)^2 f(y \mid x) dy$$

其中：$\mu_Y = E(Y \mid X = x)$

註：$Var(Y)$ 和 $Var(Y \mid X = x)$ 的不同處在於，前者公
式代 $p(y)$ 且 $\mu_Y = \sum_y yp(y)$，後者公式代 $p(y|x)$ 且

$\mu_Y = \sum_y yp(y \mid x)$，其餘均相同。

28.【條件動量】

(1)已知 $X = x$，要求 $Y$ 相對於 $c$ 值的第 $r$ 階條件動量為

(a)離散型：$E[(Y - c)^r \mid X = x] = \sum_y (y - c)^r p(y \mid x)$

(b)連續型：$E[(Y - c)^r \mid X = x] = \int_{-\infty}^{\infty} (y - c)^r f(y \mid x) dy$

**例 35**（同例 1）若離散隨機變數 X, Y 的聯合機率質量函數爲

$$p(x,y) = \begin{cases} \dfrac{1}{72}(x+2y), & 1 \le x \le 3, 2 \le y \le 4 \\ 0, & \text{其他地方} \end{cases}$$

求：(1) $p_{Y|X}(y \mid x=2)$ ；　　 (2) $P(Y=1 \mid X=2)$ ；

(3) $E(Y \mid X=2)$ ；　　 (4) $Var(Y \mid X=2)$ ；

(5) $E[(Y-\mu_Y)^2 \mid X=2]$ ; (6) $E(Y \mid X=x)$

**做法**　由例 1 知，$p_X(x) = \dfrac{1}{24}(x+6)$，其中 $1 \le x \le 3$ ；

$$p_Y(y) = \dfrac{1}{12}(y+1)，其中 2 \le y \le 4$$

**解**　(1) $p_{Y|X}(y \mid x) = \dfrac{p(x,y)}{p_X(x)}$

$$\Rightarrow p_{Y|X}(y \mid x=2) = \dfrac{p(2,y)}{p_X(2)} = \dfrac{\dfrac{1}{72}(2+2y)}{\dfrac{1}{24}(2+6)} = \dfrac{y+1}{12}$$

(2) $P(Y=1 \mid X=2) = \dfrac{p(x,y)}{p_X(x)} = \dfrac{p(2,1)}{p_X(2)} = \dfrac{\dfrac{1}{72}(2+2\cdot1)}{\dfrac{1}{24}(2+6)} = \dfrac{1}{6}$

**另解**　由 (1) 知，$p_{Y|X}(y \mid x=2) = \dfrac{y+1}{12}$

$$\Rightarrow p_{Y|X}(1 \mid x=2) = \dfrac{1+1}{12} = \dfrac{1}{6}$$

(3) $E(Y \mid X=2) = \displaystyle\sum_y y\,p(y \mid x=2) = \sum_{y=2}^{4} y \cdot \dfrac{y+1}{12}$

$$= \dfrac{1}{12}\sum_{y=2}^{4}(y^2+y) = \dfrac{1}{12}[(2^2+2)+(3^2+3)+(4^2+4)] = \dfrac{19}{6}$$

(4) $E(Y^2 \mid X = 2) = \sum_y y^2 p(y \mid x = 2) = \sum_{y=2}^{4} y^2 \cdot \frac{y+1}{12}$

$$= \frac{1}{12} \sum_{y=2}^{4} (y^3 + y^2) = \frac{32}{3}$$

$Var(Y \mid X = 2) = E(Y^2 \mid X = 2) - [E(Y \mid X = 2)]^2$

$$= \frac{32}{3} - \left(\frac{19}{6}\right)^2 = \frac{23}{36}$$

(5) 由 (3) 知，$\mu_Y = E(Y \mid X = 2) = \frac{19}{6}$

$$E[(Y - \mu_Y)^2 \mid X = 2] = \sum_y (y - \frac{19}{6})^2 p(y \mid x = 2)$$

$$= \sum_{y=2}^{4} (y - \frac{19}{6})^2 \cdot \frac{y+1}{12} = \frac{23}{36}$$

( 同 (4) 的 $Var(Y \mid X = 2)$)

(6) 註：此題的條件 $X = x$，所以要先求 $p(y \mid x)$，

$$p(y \mid x) = \frac{p(x, y)}{p_X(x)} = \frac{\dfrac{1}{72}(x + 2y)}{\dfrac{1}{24}(x + 6)} = \frac{x + 2y}{3(x + 6)}$$

$$E(Y \mid X = x) = \sum_y y p(y \mid x) = \sum_{y=2}^{4} y \cdot \frac{x + 2y}{3(x + 6)}$$

$$= \frac{1}{3(x + 6)}[2 \cdot (x + 4) + 3 \cdot (x + 6) + 4 \cdot (x + 8)] = \frac{9x + 58}{3(x + 6)}$$

驗算：$x = 2$ 代入，$E(Y \mid X = 2) = \frac{19}{6}$ ( 與 (3) 同 )

**例 36** 若連續隨機變數 X, Y 的聯合機率密度函數為

$$f_{X,Y}(x,y) = \begin{cases} \dfrac{3}{4} + xy, & 0 < x < 1, 0 < y < 1 \\ 0, & \text{其他地方} \end{cases}$$

求：(1) $f(y|x)$，(2) $P(Y > \dfrac{1}{2} | X = \dfrac{1}{2})$，(3) $E(Y|X=x)$，

(4) $Var(Y|X=x)$

**解** (1) $f_X(x) = \displaystyle\int_0^1 \left( \dfrac{3}{4} + xy \right) dy = \dfrac{3}{4} + \dfrac{x}{2}$，其中 $0 < x < 1$

$$f(y|x) = \frac{f_{X,Y}(x,y)}{f_X(x)} = \begin{cases} \dfrac{3+4xy}{3+2x}, & 0 < x < 1, 0 < y < 1 \\ 0, & \text{其他地方} \end{cases}$$

(2) $P(Y > \dfrac{1}{2} | X = \dfrac{1}{2})$

$$= \int_{1/2}^1 f(y | \dfrac{1}{2}) dy = \int_{1/2}^1 \frac{3+2y}{4} dy = \frac{9}{16}$$

(3) $E(Y|X=x) = \displaystyle\int_{-\infty}^{\infty} y f(y|x) dy = \int_{y=0}^1 y \cdot \frac{3+4xy}{3+2x} dy$

$$= \frac{1}{3+2x} \int_{y=0}^1 (3y + 4xy^2) dy$$

$$= \frac{1}{3+2x} \left[ \frac{3y^2}{2} + \frac{4xy^3}{3} \right]_{y=0}^1 = \frac{9+8x}{18+12x}$$

(4) $E(Y^2|X=x) = \displaystyle\int_{-\infty}^{\infty} y^2 f(y|x) dy = \int_{y=0}^1 y^2 \cdot \frac{3+4xy}{3+2x} dy$

$$= \frac{1}{3+2x} \int_{y=0}^1 (3y^2 + 4xy^3) dy = \frac{1}{3+2x} \left[ \frac{3y^3}{3} + \frac{4xy^4}{4} \right]_{y=0}^1$$

$$= \frac{1+x}{3+2x}$$

$$\text{Xar}(Y \mid X = \text{x}) = E(Y^2 \mid X = \text{x}) - [E(Y \mid X = \text{x})]^2$$

$$= \frac{1+x}{3+2x} - \left(\frac{9+8x}{18+12x}\right)^2 = \frac{27+36x+8x^2}{36(3+2x)^2}$$

例 37 若連續隨機變數 X,Y 的聯合機率密度函數為

$$f_{X,Y}(x,y) = \begin{cases} 8xy, & 0 < x < 1, 0 < y < x \\ 0, & \text{其他地方} \end{cases}$$

求 (1) $f_X(x)$，(2) $f_Y(y)$，(3) $f_{X|Y}(x \mid y)$，(4) $f_{Y|X}(y \mid x)$

(5) 隨機變數 X,Y 是否獨立

做法 因 $0 < y < x < 1$，x 的積分範圍是從 y 到 1，而 y 的積分範圍是從 0 到 x

解 (1) $f_X(x) = \int_0^x 8xy\,dy = 4xy^2 \mid_{y=0}^x = 4x^3$，其中 $0 < x < 1$

(2) $f_Y(y) = \int_y^1 8xy\,dx = 4x^2 y \mid_{x=y}^1 = 4y(1-y^2)$，其中 $0 < y < 1$

(3) $f_{X|Y}(x \mid y) = \frac{f(x,y)}{f_Y(y)} = \begin{cases} \dfrac{2x}{1-y^2}, & 0 < y < x < 1 \\ 0, & \text{其他地方} \end{cases}$，$0 < x < 1$

(4) $f_{Y|X}(y \mid x) = \frac{f(x,y)}{f_X(x)} = \begin{cases} \dfrac{2y}{x^2}, & 0 < y < x < 1 \\ 0, & \text{其他地方} \end{cases}$，$0 < x < 1$

(5) $f_X(x) = 4x^3$，$f_Y(y) = 4y(1-y^2)$，$f_{X,Y}(x,y) = 8xy$

因 $f_X(x) \cdot f_Y(y) \neq f_{X,Y}(x,y)$，隨機變數 X,Y 非獨立變數（或因 $x, y$ 的範圍為 $0 < y < x$ 有關聯性，所以它們非獨立變數）

例 38 投擲 1 個公正的骰子 2 次，已知第一次出現的點數為 1 點，求其二次出現點數和為 5 點的機率

解 設隨機變數 X 為第一次出現的點數，Y 為第二次出現的點數，其每個點數出現的機率為 1/6 且此二次投擲為獨立事件，則

$X = 1, X + Y = 5 \Rightarrow Y = 4$

$$P(X + Y = 5 \mid X = 1) = \frac{P(X + Y = 5, X = 1)}{P(X = 1)} = \frac{P(X = 1)P(Y = 4)}{P(X = 1)}$$

$$= P(Y = 4) = 1/6$$

例 39 設隨機變數 X, Y 的聯合機率質量函數 $p(x, y)$ 為

| x \ y | 1 | 2 | 3 |
|-------|------|------|------|
| 1 | 0.1 | 0.15 | 0.05 |
| 2 | 0.15 | 0.05 | 0.05 |
| 3 | 0.1 | 0.05 | 0.05 |
| 4 | 0.05 | 0.1 | 0.1 |

求 (1)X 的邊際機率質量函數？(2)Y 的邊際機率質量函數？(3)X 的邊際機率分布函數？(4)Y 的邊際機率分布函數？(5)X 和 Y 的聯合累積分布函數？(6) 期望值 $E(X)$？(7) 期望值 $E(Y)$？(8)$P(X = 1 \mid Y = 2)$？(9) P(X − Y = 1 | Y = 2)？(10)Cov(X, Y)？

解 (1)$p_X(1) = 0.3$；$p_X(2) = 0.25$；$p_X(3) = 0.2$；$p_X(4) = 0.25$；
(2)$p_Y(1) = 0.4$；$p_Y(2) = 0.35$；$p_Y(3) = 0.25$；

(3) $F_X(x) = \begin{cases} 0, & x < 1 \\ 0.3, & 1 \le x < 2 \\ 0.55, & 2 \le x < 3 \\ 0.75, & 3 \le x < 4 \\ 1, & 4 \le x \end{cases}$ ;

(4) $F_Y(y) = \begin{cases} 0, & y < 1 \\ 0.4, & 1 \le y < 2 \\ 0.75, & 2 \le y < 3 \\ 1, & 3 \le y \end{cases}$

(5) $F_{XY}(x, y) = P(X \le x, Y \le y)$

$F_{XY}(x, y) = \begin{cases} 0, & x < 1, y < 1 \\ 0.1, & 1 \le x < 2, 1 \le y < 2 \\ 0.25, & 1 \le x < 2, 2 \le y < 3 \\ 0.3, & 1 \le x < 2, 3 \le y \\ 0.25, & 2 \le x < 3, 1 \le y < 2 \\ 0.45 & 2 \le x < 3, 2 \le y < 3 \\ 0.55 & 2 \le x < 3, 3 \le y \end{cases}$

$F_{XY}(x, y) = \begin{cases} 0.35 & 3 \le x < 4, 1 \le y < 2 \\ 0.6 & 3 \le x < 4, 2 \le y < 3 \\ 0.75 & 3 \le x < 4, 3 \le y \\ 0.4 & 4 \le x, 1 \le y < 2 \\ 0.75 & 4 \le x, 2 \le y < 3 \\ 1 & 4 \le x, 3 \le y \end{cases}$

註：因它有 4×3 = 12 個 $p(x_i, y_j)$，所以要有 12 + 1 = 13 種情況（含機率為 0 的情況）

(6) 期望值

$$E(X) = \sum_{x=1}^{4} x p_X(x) = 1 \cdot 0.3 + 2 \cdot 0.25 + 3 \cdot 0.2 + 4 \cdot 0.25 = 2.4$$

(7) 期望值 $E(Y) = \sum_{y=1}^{3} y p_Y(y) = 1 \cdot 0.4 + 2 \cdot 0.35 + 3 \cdot 0.25 = 1.85$

(8) $P(X=1 \mid Y=2) = \dfrac{p(1,2)}{p_y(2)} = \dfrac{0.15}{0.35} = \dfrac{3}{7}$

(9) $P(X-Y=1 \mid Y=2) = \dfrac{P(X=3, Y=2)}{P(Y=2)} = \dfrac{0.05}{0.35} = \dfrac{1}{7}$

$$(10) E(XY) = \sum_{x=1}^{4} \sum_{y=1}^{3} xy p(x,y) = 1 \cdot 1 \cdot 0.1 + 1 \cdot 2 \cdot 0.15 + 1 \cdot 3 \cdot 0.05$$

$$+ 2 \cdot 1 \cdot 0.15 + 2 \cdot 2 \cdot 0.05 + 2 \cdot 3 \cdot 0.05 + 3 \cdot 1 \cdot 0.1 + 3 \cdot 2 \cdot 0.05$$

$$+ 3 \cdot 3 \cdot 0.05 + 4 \cdot 1 \cdot 0.05 + 4 \cdot 2 \cdot 0.1 + 4 \cdot 3 \cdot 0.1 = 4.6$$

$$Cov(X,Y) = E(XY) - E(X)E(Y) = 4.6 - 2.4 \times 1.85 = 0.16$$

**例 40** 宥嘉在百貨公司看見 2 件衣服定價分別為 1500 元和 2000 元，他不知要買哪一件，他想以投擲銅板來決定，若銅板出現正面就買 1500 元的衣服，否則就買 2000 元的衣服，請問期望值多少元？

**做法** $E(Y) = E(y \mid X = x_1) p_X(x_1) + E(y \mid X = x_2) p_X(x_2)$

**解** 設隨機變數 X 為投擲銅板的結果，$X = 0$ 表出現正面，$X = 1$ 表出現反面。$Y_1$ 為買 1500 元衣服的錢，即 $E(Y_1) = 1500$；$Y_2$ 表示 2000 元，即 $E(Y_2) = 2000$。

因 X 和 Y 為 2 獨立隨機變數，則

$E(Y \mid X = 0) = E(Y_1 \mid X = 0) = E(Y_1) = 1500$

$E(Y \mid X = 1) = E(Y_2 \mid X = 1) = E(Y_2) = 2000$

$E(Y) = E(Y \mid X = 0)P(X = 0) + E(Y \mid X = 1)P(X = 1)$

$\qquad = 1500 \cdot \dfrac{1}{2} + 2000 \cdot \dfrac{1}{2} = 1750$

期望值為 1750 元

## 4.4　多個隨機變數的分布

29.【多項常態分布】

(1) 多個隨機變數的機率分布函數最常見的就是多項常態分布（multi-normal distribution）。

(2) 設事件 $A_1, A_2, \cdots, A_k$ 間相互獨立，且其發生的機率分別是 $p_1, p_2, \cdots, p_k$，其中 $p_1 + p_2 + \cdots + p_k = 1$。若 $X_1, X_2, \cdots, X_k$ 是 $k$ 個離散隨機變數，分別代表發生 $A_1, A_2, \cdots, A_k$ 的次數。在做 $n$ 次試驗中，$X_1, X_2, \cdots, X_k$ 發生的次數為 $n_1, n_2, \cdots, n_k$，且 $n_1 + n_2 + \cdots + n_k = n$，則其發生的機率為

$$P(X_1 = n_1, X_2 = n_2, \cdots, X_k = n_k)$$

$$= \frac{n!}{n_1! n_2! \cdots n_k!} p_1^{n_1} p_2^{n_2} \cdots p_k^{n_k}$$

(3) 此種機率分布稱為多項常態分布，因它的機率值是多項式 $(p_1 + p_2 + \cdots + p_k)^n$ 展開的結果，故而以此命名。

(4) $A_i$ 的期望值是（n 次的試驗）乘以（$A_i$ 出現的機率），即 $A_1, A_2, \cdots, A_k$ 的期望值分別為 $np_1, np_2, \cdots, np_k$

(5) $A_1, A_2, \cdots, A_k$ 的變異數分別為 $np_1q_1, np_2q_2, \cdots, np_kq_k$，其中 $q_i = 1 - p_i$

例 41　投擲一公正的骰子 10 次，若其出現 1 點 1 次、2 點 2 次、3 點 3 次、4 點 4 次、5 點和 6 點 0 次，求其 (1) 出現的機率，(2) 出現 $i$ 點（$i = 1$ 到 6）的期望值，(3) 變異數

解 (1) 設隨機變數 $X_i$ 表出現點數 i 的次數，則

$$P(X_1 = 1, X_2 = 2, X_3 = 3, X_4 = 4, X_5 = 0, X_6 = 0)$$

$$= \frac{10!}{1! \cdot 2! \cdot 3! \cdot 4! \cdot 0! \cdot 0!} \left(\frac{1}{6}\right)^1 \left(\frac{1}{6}\right)^2 \left(\frac{1}{6}\right)^3 \left(\frac{1}{6}\right)^4 \left(\frac{1}{6}\right)^0 \left(\frac{1}{6}\right)^0$$

$$= \frac{175}{839808} = 0.00021$$

(2) $A_1$ 的期望值是

$$E(X_1) = np_1 = 10 \cdot \frac{1}{6} = 1.67 ,$$

同理，$E(X_2) = E(X_3) = \cdots = E(X_6) = np$

$$= 10 \cdot \frac{1}{6} = 1.67$$

(3) $A_1, A_2, \cdots, A_6$ 的變異數均為

$$Var(X) = npq = 10 \cdot \frac{1}{6} \cdot \frac{5}{6} = 1.39$$

例 42 一個袋子內有 2 顆白球、3 顆紅球、5 顆黑球，隨機從袋子內取出一球看完其顏色後再放回袋子內，重覆此動作 6 次，若是取出 1 顆白球、2 顆紅球、3 顆黑球，求其 (1) 出現的機率？(2) 取出白球、紅球和黑球的期望值各為多少？(3) 變異數各為多少？

解 令 $X_1$ 為取出白球事件，$X_2$ 為取出紅球事件，$X_3$ 為取出黑球事件，則

$$P(X_1) = \frac{2}{10} , \quad P(X_2) = \frac{3}{10} , \quad P(X_3) = \frac{5}{10} ,$$

(1) $P(X_1 = 1, X_2 = 2, X_3 = 3)$

$$= \frac{6!}{1!2!3!}\left(\frac{2}{10}\right)^1\left(\frac{3}{10}\right)^2\left(\frac{5}{10}\right)^3 = \frac{27}{200} = 0.135$$

(2) $E(X_1) = np_1 = 6 \cdot \frac{2}{10} = 1.2$

$E(X_2) = np_2 = 6 \cdot \frac{3}{10} = 1.8$

$E(X_3) = np_3 = 6 \cdot \frac{5}{10} = 3$

(3) $Var(X_1) = np_1q_1 = 6 \cdot \frac{2}{10} \cdot \left(1 - \frac{2}{10}\right) = 0.96$

$Var(X_2) = np_2q_2 = 6 \cdot \frac{3}{10} \cdot \left(1 - \frac{3}{10}\right) = 1.26$

$Var(X_3) = np_3q_3 = 6 \cdot \frac{5}{10} \cdot \left(1 - \frac{5}{10}\right) = 1.5$

例 43 試證：多項常態分布 $X_1, X_2, ..., X_k$ 發生的次數分別為 $x_1, x_2, ..., x_k$，且 $x_1 + x_2 + ... + x_k = n$，則其期望值 $E(X_i) = np_i$，變異數 $Var(X_i) = np_iq_i$

證明 由動差母函數來證（請參閱第 4.2 節第 (17) 點說明）

(1) $M(t_1, t_{2,} \cdots, t_k) = \sum_x e^{(t_1x_1 + t_2x_2 + \cdots + t_kx_k)} \frac{n!}{x_1!x_2!\cdots x_k!} p_1^{x_1} p_2^{x_2} \cdots p_k^{x_k}$

$= \sum_x \frac{n!}{x_1!x_2!\cdots x_k!}(p_1e^{t_1})^{x_1}(p_2e^{t_2})^{x_2}\cdots(p_ke^{t_k})^{x_k}$

$= (p_1e^{t_1} + p_2e^{t_2} + \cdots + p_ke^{t_k})^n$

(2) $\dfrac{\partial M}{\partial t_i} = n(p_1 e^{t_1} + p_2 e^{t_2} + \cdots + p_k e^{t_k})^{n-1} \cdot (p_i e^{t_i})$

$\dfrac{\partial M}{\partial t_i}\Big|_{(t_1=0, t_2=0, \cdots, t_n=0)} = E(X_i) = n(p_1 e^0 + p_2 e^0 + \cdots + p_k e^0)^{n-1} \cdot (p_i e^0)$

$$= n(p_1 + p_2 + \cdots + p_k)^{n-1} \cdot (p_i) = np_i$$

(3) $\dfrac{\partial^2 M}{\partial t_i^2} = n(n-1)(p_1 e^{t_1} + p_2 e^{t_2} + \cdots + p_k e^{t_k})^{n-2} \cdot (p_i e^{t_i})^2 +$

$$+ n(p_1 e^{t_1} + p_2 e^{t_2} + \cdots + p_k e^{t_k})^{n-1} \cdot (p_i e^{t_i})$$

$\dfrac{\partial^2 M}{\partial t_i^2}\Big|_{(t_1=0, t_2=0, \cdots, t_n=0)} = E(X_i^2)$

$= n(n-1)(p_1 e^0 + p_2 e^0 + \cdots + p_k e^0)^{n-2} \cdot (p_i e^0)^2$

$\quad + n(p_1 e^0 + p_2 e^0 + \cdots + p_k e^0)^{n-1} \cdot (p_i e^0)$

$= n(n-1)(p_1 + p_2 + \cdots + p_k)^{n-2} \cdot (p_i)^2 + n(p_1 + p_2 + \cdots + p_k)^{n-1} \cdot (p_i)$

$= n(n-1)(p_i)^2 + np_i$

$Var(X_i) = E(X_i^2) - \left[E(X_i)\right]^2 = n(n-1)p_i^2 + np_i - (np_i)^2$
$\qquad\qquad = np_i[(n-1)p_i + 1 - np_i] = np_i(1 - p_i)$

---

30.【多隨機變數的線性組合】

(1) 若有 n 個隨機變數 $X_1, X_2, \cdots, X_n$ 和 $n$ 個常數

$a_1, a_2, \cdots, a_n \in R$，則隨機變數

$$Y = a_1 X_1 + a_2 X_2 + \cdots + a_n X_n$$

稱為隨機變數 $X_i$ 的線性組合（linear combination）

(2) 若隨機變數 $X_1, X_2, \cdots, X_n$ 的期望值分別是 $\mu_1, \mu_2, \cdots,$

$\mu_n$，變異數分別是 $\sigma_1^2, \sigma_2^2, \cdots, \sigma_n^2$，則

(a) 其線性組合的期望值為（不需要獨立）

$$E(Y) = E(a_1X_1 + a_2X_2 + \cdots + a_nX_n)$$
$$= a_1E(X_1) + a_2E(X_2) + \cdots + a_nE(X_n)$$
$$= a_1\mu_1 + a_2\mu_2 + \cdots + a_n\mu_n$$

(b) 若 $X_1, X_2, \cdots, X_n$ 獨立，則（要為獨立隨機變數）

$$Var(Y) = Var(a_1X_1 + a_2X_2 + \cdots + a_nX_n)$$
$$= a_1^2Var(X_1) + a_2^2Var(X_2) + \cdots + a_n^2Var(X_n)$$
$$= a_1^2\sigma_1^2 + a_2^2\sigma_2^2 + \cdots + a_n^2\sigma_n^2$$

(c) 若 $X_1, X_2, \cdots, X_n$ 沒有獨立，則

$$Var(Y) = Var(a_1X_1 + a_2X_2 + \cdots + a_nX_n)$$
$$= \sum_{i=1}^{n}\sum_{j=1}^{n}a_ia_jCov(X_i, X_j)$$

特例：

(a) $E(X_1 \pm X_2) = E(X_1) \pm E(X_2)$

(b) 若 $X_1, X_2$ 獨立，則 $Var(X_1 \pm X_2) = Var(X_1) + Var(X_2)$
（均為加）

(c) 若 $X_1, X_2$ 沒有獨立，則

$$Var(X_1 \pm X_2) = \sum_{i=1}^{2}\sum_{j=1}^{2}Cov(X_i, \pm X_j)$$
$$= Cov(X_1, X_1) \pm 2Cov(X_1, X_2) + Cov(X_2, X_2)$$
$$= Var(X_1) \pm 2Cov(X_1, X_2) + Var(X_2)$$

31.【二項式分布】若兩個獨立的隨機變數 X 和 Y 均為二項式分布且機率相同（均為 $p$），即 X$\sim$B(m,p) 且 Y$\sim$B(n,p)，則 X+Y 亦為二項式分布，即 X+Y$\sim$$(m+n, p)$

32.【卜瓦松分布】若兩個獨立的隨機變數 X 和 Y 均為卜瓦松分布，即 X$\sim$$Pois(\lambda_1)$ 且 Y$\sim$$Pois(\lambda_2)$，則 X+Y 亦為卜瓦松分布，即 X+Y$\sim$$Pois(\lambda_1+\lambda_2)$

33.【常態分布】若兩個獨立的隨機變數 X 和 Y 均為常態分布，即 $X \sim N(\mu_1,\sigma_1^2)$，$Y \sim N(\mu_2,\sigma_2^2)$，則 X+Y 亦為常態分布，即 $X + Y \sim N(\mu_1 + \mu_2, \sigma_1^2 + \sigma_2^2)$

34.【伽瑪分布】若兩個獨立的隨機變數 X 和 Y 均為伽瑪分布且其參數 $\lambda$ 相同，即 $X \sim \Gamma(\alpha_1,\lambda)$ 且 $Y \sim \Gamma(\alpha_2,\lambda)$，則 X+Y 亦為伽瑪分布，即 $X + Y \sim (\alpha_1 + \alpha_2,\lambda)$

例 44 某甲玩 A,B 二種遊戲 100 次，玩 A 遊戲 60 次，獲勝的機率為 0.4，玩 B 遊戲 40 次，獲勝的機率為 0.4，若玩此二種遊戲的結果是互相獨立的且為二項式分布，求玩此二種遊戲獲勝 50 次或以上的機率

解 設隨機變數 $X_A$ 和 $X_B$ 分別為贏得 A 遊戲和 B 遊戲的次數，則 $X_A \sim B(60, 0.4)$，$X_B \sim B(40, 0.4)$

$\Rightarrow X_A + X_B \sim B(100, 0.4)$

$E(X_A + X_B) = np = 100 \cdot 0.4 = 40$

$Var(X_A + X_B) = npq = 100 \cdot 0.4 \cdot 0.6 = 24$

所以 $X_A + X_B$ 為一二項式分布，其期望值 = 40，

標準差 = $\sqrt{24} \approx 4.90$

我們可以用常態分布來近似它

$$P(X_A + X_B \geq 50) \approx P(X_A + X_B \geq 49.5)$$

$$= P\left(\frac{X_A + X_B - 40}{4.90} \geq \frac{49.5 - 40}{4.90} \approx 1.94\right)$$

$$= 0.5 - P(0 \leq z \leq 1.94)$$

$$= 0.5 - 0.4738 = 0.0262$$

例 45　設 X,Y 為二獨立的卜瓦松分布隨機變數，其參數 λ 值分別是 5 和 10，令 Z = X + Y，求 (1) 求 Z 的機率質量函數；(2) 期望值 E(Z)

解　X ~ *Pois*(5) 且 Y ~ *Pois*(10)，則
Z = X + Y 亦為卜瓦松分布，即
Z ~ *Pois*($\lambda_1 + \lambda_2$) = Pois(15)

(1) $p_Z(z) = \mathrm{e}^{-15}\dfrac{(15)^z}{z!}$

(2) 期望值 $E(Z) = \lambda = 15$

例 46　試證：若兩個獨立的隨機變數 X 和 Y 均為二項式分布且機率相同，即 X~*B*(m, p) 且 X~*B*(n, p)，則 X+Y 亦為二項式分布，即 X+Y~$(m + n, p)$

證明　X + Y 的動差母函數為

$$\mathrm{M}_{X+Y}(t) = M_X(t)M_Y(t) = (pe^t + 1 - p)^m (pe^t + 1 - p)^n$$

$$= (pe^t + 1 - p)^{m+n}$$

所以 X + Y 亦為二項式分布，即 $X + Y \sim (m + n, p)$

（註：動差母函數唯一決定分布）

另解 因 X,Y 為兩個獨立的隨機變數

$$P(X + Y = k) = \sum_{i=0}^{n} P(X = i, Y = k - i)$$

$$= \sum_{i=0}^{n} P(X = i)P(Y = k - i)$$

$$= \sum_{i=0}^{n} C(n,i)p^i q^{n-i} \cdot C(m,k-i)p^{k-i} q^{m-k+i}$$

$$= p^k q^{n+m-k} \sum_{i=0}^{n} C(n,i) \cdot C(m,k-i) \cdots (A)$$

因 $\sum_{i=0}^{n} C(n,i) \cdot C(m,k-i) = C(n+m,k)$

（註：證明省略）

(A) 式 $= C(n+m,k) p^k q^{n+m-k}$

所以 X+Y 亦為二項式分布，即 $X + Y \sim (m + n, p)$

例 47 試證：若兩個獨立的隨機變數 X 和 Y 均為卜瓦松分布，即 $X \sim Pois(\lambda_1)$ 且 $Y \sim Pois(\lambda_2)$，則 X + Y 亦為卜瓦松分布，即 $X + Y \sim Pois(\lambda_1 + \lambda_2)$

證明 X+Y 的動差母函數為

$$M_{X+Y}(t) = M_X(t)M_Y(t) = e^{\lambda_1(e^t-1)} \cdot e^{\lambda_2(e^t-1)} = e^{(\lambda_1+\lambda_2)(e^t-1)}$$

所以 X+Y 亦為卜瓦松分布，即 $X + Y \sim Pois(\lambda_1 + \lambda_2)$

（註：動差母函數唯一決定分布）

另解 因 X,Y 為兩個獨立的隨機變數

$$P(X + Y = k) = \sum_{i=0}^{n} P(X = i, Y = k - i)$$

$$= \sum_{i=0}^{n} P(X=i)P(Y=k-i)$$

$$= \sum_{i=0}^{n} e^{-\lambda_1} \frac{(\lambda_1)^i}{i!} \cdot e^{-\lambda_2} \frac{(\lambda_2)^{k-i}}{(k-i)!}$$

$$= e^{-(\lambda_1+\lambda_2)} \sum_{i=0}^{n} \frac{(\lambda_1)^i}{i!} \cdot \frac{(\lambda_2)^{k-i}}{(k-i)!}$$

$$= \frac{e^{-(\lambda_1+\lambda_2)}}{k!} \sum_{i=0}^{n} \frac{k!}{i!(k-i)!} \lambda_1^i \lambda_2^{k-i}$$

$$= \frac{e^{-(\lambda_1+\lambda_2)}}{k!} (\lambda_1+\lambda_2)^k$$

所以 X+Y 亦為卜瓦松分布，即 $X+Y \sim Pois(\lambda_1+\lambda_2)$

例 48 試證：若兩個獨立的隨機變數 X 和 Y 均為常態分布，即 $X \sim N(\mu_1, \sigma_1^2)$，$Y \sim N(\mu_2, \sigma_2^2)$，則 X+Y 亦為常態分布，即 $X+Y \sim N(\mu_1+\mu_2, \sigma_1^2+\sigma_2^2)$

證明 X+Y 的動差母函數為

$$M_{X+Y}(t) = M_X(t)M_Y(t)$$

$$= \exp\left(\frac{\sigma_1^2 t^2}{2} + \mu_1 t\right) \exp\left(\frac{\sigma_2^2 t^2}{2} + \mu_2 t\right)$$

$$= \exp\left(\frac{(\sigma_1^2+\sigma_2^2)t^2}{2} + (\mu_1+\mu_2)t\right)$$

所以 X+Y 亦為常態分布，即 $X+Y \sim N(\mu_1+\mu_2, \sigma_1^2+\sigma_2^2)$
（註：動差母函數唯一決定分布）

## 4.5　中央極限定理與柴比雪夫不等式

33.【中央極限定理】

(1) 設 $X_1$, $X_2$, $\cdots$, $X_n$ 是 n 個相互獨立的隨機變數，且它們有相同的機率分布函數（例如：同為二項式分布），且每個分布的期望值 $\mu$ 和變異數 $\sigma^2$ 均相同。若 $S_n = X_1 + X_2 + \cdots + X_n$，則

$$\lim_{n \to \infty} P\left( a \leq \frac{S_n - n\mu}{\sigma\sqrt{n}} \leq b \right) = \frac{1}{\sqrt{2\pi}} \int_a^b e^{-u^2/2} du$$

即不管是哪種分布，當 $n \to \infty$ 時，隨機變數 $\dfrac{S_n - n\mu}{\sigma\sqrt{n}}$ 就會非常接近常態分布。

(2) 此定理稱為中央極限定理（Central limit theorem）。

(3) 此定理的條件限制可放寬為：$X_1$, $X_2$, $\cdots$, $X_n$ 是 n 個相互獨立的隨機變數，但它們「不一定需要有相同的機率分布函數」（例如：不一定需要同為二項式分布），但每個分布的期望值和變異數均要相同。

34.【柴比雪夫不等式】

(1) 柴比雪夫不等式（Chebyshev's Inequality）描述：隨機變數的值以期望值為中心，「介於多少間」，其機率「極值」是多少；

(2) 柴比雪夫不等式：

(a) $P(|X - \mu| \geq \varepsilon) \leq \dfrac{\sigma^2}{\varepsilon^2}$ 或

$$p[|X-\mu|<\varepsilon] \geq 1-\frac{\sigma^2}{\varepsilon^2}$$

(b) 若 $\varepsilon=k\sigma$，則 $P(|X-\mu|\geq k\sigma) \leq \dfrac{1}{k^2}$ 或

$$P(|X-\mu|<k\sigma) \geq 1-\frac{1}{k^2}$$

(3) 柴比雪夫不等式，對任何分布形狀的數據都適用，即

　(a) 與期望值相差 2 個標準差（$\varepsilon=2\sigma$）以上的機率，
小於等於 1/4；

　(b) 與期望值相差 3 個標準差（$\varepsilon=3\sigma$）以上的機率，
小於等於 1/9；

　(c) 與期望值相差 4 個標準差（$\varepsilon=4\sigma$）以上的機率，
小於等於 1/16；

　……

　(k) 與期望值相差 k 個標準差（$\varepsilon=k\sigma$）以上的機率，小
於等於 $1/k^2$。

(4) 例如，若一班有 36 個學生，而在一次考試中，平均
分是 60 分，標準差是 10 分，則我們便可得出結論：
少於 30 分或多於 90 分（與平均相差 3 個標準差以上）
的人數小於等於 4 個（＝36*1/9）。

**例 49** 一隨機變數 X 的期望值 =5 和標準差 = 2，

　　　求 (1) $P(X\geq 8$ 或 $X\leq 2)$ 的最大值？

　　　　(2) $P(1<X<9)$ 的最小值？

**做法** (1) 用柴比雪夫不等式解

$(2) P(|X - \mu| \geq \varepsilon) \leq \dfrac{\sigma^2}{\varepsilon^2} \Rightarrow 1 - P(|X - \mu| \geq \varepsilon) \geq 1 - \dfrac{\sigma^2}{\varepsilon^2}$

$\Rightarrow P(|X - \mu| < \varepsilon) \geq 1 - \dfrac{\sigma^2}{\varepsilon^2}$

解 期望值 $\mu = 5$ 和標準差 $\sigma = 2$

(1) $P(X \geq 8$ 或 $X \leq 2)$

$= P(|X - \mu| \geq \varepsilon) = P(X \geq \mu + \varepsilon$ 或 $X \leq \mu - \varepsilon)$

$\Rightarrow \mu + \varepsilon = 8,\ \mu - \varepsilon = 2 \Rightarrow \mu = 5$（與已知同），$\varepsilon = 3$

由柴比雪夫不等式：$P(|X - \mu| \geq \varepsilon) \leq \dfrac{\sigma^2}{\varepsilon^2} = \dfrac{2^2}{3^2} = \dfrac{4}{9}$

所以 $P(X \geq 8$ 或 $X \leq 2)$ 的最大值為 $\dfrac{4}{9}$

(2) $P(1 < X < 9) = P(|X - \mu| < \varepsilon) = P(\mu - \varepsilon < X < \mu + \varepsilon)$

$\Rightarrow \mu - \varepsilon = 1,\ \mu + \varepsilon = 9 \Rightarrow \mu = 5$（與已知同），$\varepsilon = 4$

由柴比雪夫不等式：$P(|X - \mu| < \varepsilon) \geq 1 - \dfrac{\sigma^2}{\varepsilon^2} = 1 - \dfrac{2^2}{4^2} = \dfrac{3}{4}$

所以 $P(1 < X < 9)$ 的最小值為 $\dfrac{3}{4}$

例 50 若隨機變數 X 的機率密度函數為

$$f(x) = \dfrac{1}{10}, 0 < x < 10,$$

求 $(1) P(|X - \mu| \geq 4)$，$(2)$ 利用柴比雪夫不等式，求 $P(|X - \mu| \geq 4)$ 的上限，並比較 $(1)$ 的結果

解 $E(x) = \displaystyle\int_{-\infty}^{\infty} x f(x)\, dx = \int_{0}^{10} \dfrac{x}{10}\, dx = \dfrac{x^2}{20} \Big|_0^{10} = 5$

$$E(x^2) = \int_{-\infty}^{\infty} x^2 f(x)\,dx = \int_0^{10} \frac{x^2}{10}\,dx = \frac{x^3}{30}\Big|_0^{10} = \frac{100}{3}$$

$$Var(X) = E(x^2) - \left[E(X)\right]^2 = \frac{100}{3} - 5^2 = \frac{25}{3}$$

$$\sigma = \sqrt{Var(X)} = \frac{5\sqrt{3}}{3}$$

(1) $P(|X - \mu| \geq 4) = P(X - 5 \geq 4$ 或 $X - 5 \leq -4)$

$\quad = P(X \geq 9$ 或 $X \leq 1) = \int_9^{10} \frac{1}{10}\,dx + \int_0^1 \frac{1}{10}\,dx = \frac{1}{5} = 0.2$

(2) $P(|X - \mu| \geq \varepsilon) \leq \dfrac{\sigma^2}{\varepsilon^2} \Rightarrow P(|X - \mu| \geq 4) \leq \dfrac{\frac{25}{3}}{4^2} = 0.52$

所以最大值為 0.52，大於 0.2（真正值）沒錯

例 51　試證：柴比雪夫不等式：$P(|X - \mu| \geq \varepsilon) \leq \dfrac{\sigma^2}{\varepsilon^2}$

解　$Var(X) = \sigma^2 = \displaystyle\int_{-\infty}^{\infty} (x - \mu)^2 f(x)\,dx$

$\quad = \displaystyle\int_{-\infty}^{\mu-\varepsilon} (x - \mu)^2 f(x)\,dx + \int_{\mu-\varepsilon}^{\mu+\varepsilon} (x - \mu)^2 f(x)\,dx$

$\qquad + \displaystyle\int_{\mu+\varepsilon}^{\infty} (x - \mu)^2 f(x)\,dx$

$\quad \geq \displaystyle\int_{-\infty}^{\mu-\varepsilon} (x - \mu)^2 f(x)\,dx + \int_{\mu+\varepsilon}^{\infty} (x - \mu)^2 f(x)\,dx$

$\quad \geq \varepsilon^2 \displaystyle\int_{-\infty}^{\mu-\varepsilon} f(x)\,dx + \varepsilon^2 \int_{\mu+\varepsilon}^{\infty} f(x)\,dx$

$\quad = \varepsilon^2 \left[\displaystyle\int_{-\infty}^{\mu-\varepsilon} f(x)\,dx + \int_{\mu+\varepsilon}^{\infty} f(x)\,dx\right]$

$\quad = \varepsilon^2 p(|X - \mu| \geq \varepsilon)$

$\Rightarrow P(|X - \mu| \geq \varepsilon) \leq \dfrac{\sigma^2}{\varepsilon^2}$

## 練習題

1. 若離散隨機變數 X，Y 的聯合機率質量函數如下，

   $f(x, y) = cxy$，$x = 1,2,3$，$y = 1,2,3$，其它地方為 0

   求 (1)c 值，(2)$P(X = 2, Y = 3)$，(3)$P(1 \leq X \leq 2, Y \leq 2)$，(4)

   $P(X \geq 2)$，(5)$P(Y < 2)$，(6) $P(X = 1)$，(7) $P(Y = 3)$

   答 (1)1/36；(2)1/6；(3)1/4；(4)5/6；(5)1/6；(6)1/6；(7)1/2

2. 求上一題的 (1) 隨機變數 X 的邊際機率質量函數，(2)Y
   的邊際機率質量函數，(3)X 和 Y 是否獨立

   答 (1) $f_X(x) = \begin{cases} x/6, & x = 1,2,3 \\ 0, & \text{其它地方} \end{cases}$；

   (2) $f_Y(y) = \begin{cases} y/6, & y = 1,2,3 \\ 0, & \text{其它地方} \end{cases}$；(3) 是

3. 若連續隨機變數 X，Y 的聯合機率密度函數如下，

   $f(x, y) = \begin{cases} c(x^2 + y^2), & 0 \leq x \leq 1, 0 \leq y \leq 1 \\ 0, & \text{其它地方} \end{cases}$，

   求 (1)c 值，(2)$P(X < 1/2, Y > 1/2)$，(3) $P(1/4 \leq X \leq 3/4)$，(4)

   $P(Y < 1/2)$，(5) X 和 Y 是否獨立

   答 (1)3/2；(2)1/4；(3)29/64；(4)5/16；(5) 否；

4. 求上一題的 (1) 隨機變數 X 的邊際機率分布函數，(2)Y
   的邊際機率分布函數

   答 (1) $F_X(x) = \begin{cases} 0, & x \leq 0 \\ (x^3 + x)/2, & 0 < x \leq 1 \\ 1, & x > 1 \end{cases}$；

$$(2)\ F_Y(y) = \begin{cases} 0, & y \leq 0 \\ (y^3 + y)/2, & 0 < y \leq 1 \\ 1, & y > 1 \end{cases}$$

5. 若離散隨機變數 X，Y 的聯合機率質量函數如下，

   $f(x, y) = xy/36$，$x = 1,2,3$，$y = 1,2,3$ ，其它地方為 0

   求 (1) 給定 Y，求 X 的條件機率質量函數，(2) 給定 X，
   求 Y 的條件機率質量函數

   答 $(1)\ f(x \mid y) = f_X(x) = \begin{cases} x/6, & x = 1,2,3 \\ 0, & \text{其它地方} \end{cases}$ ；

   $(2)\ f(y \mid x) = f_Y(y) = \begin{cases} y/6, & y = 1,2,3 \\ 0, & \text{其它地方} \end{cases}$

6. 若隨機變數 X，Y 的聯合機率密度函數如下，

   $$f(x, y) = \begin{cases} x + y, & 0 \leq x \leq 1, 0 \leq y \leq 1 \\ 0, & \text{其它地方} \end{cases},$$

   求 (1) 給定 Y，求 X 的條件機率密度函數，(2) 給定 X，
   求 Y 的條件機率密度函數

   答 $(1)\ f(x \mid y) = \begin{cases} (x + y)/(y + 1/2), & 0 \leq x \leq 1, 0 \leq y \leq 1 \\ 0, & x = \text{其它地方}, 0 \leq y \leq 1 \end{cases}$ ；

   $(2)\ f(y \mid x) = \begin{cases} (x + y)/(x + 1/2), & 0 \leq x \leq 1, 0 \leq y \leq 1 \\ 0, & 0 \leq x \leq 1, y = \text{其它地方} \end{cases}$

7. 若連續隨機變數 X，Y 的聯合機率密度函數如下，

   $$f(x, y) = \begin{cases} \dfrac{3}{2}(x^2 + y^2), & 0 \leq x \leq 1, 0 \leq y \leq 1 \\ 0, & \text{其它地方} \end{cases},$$

求 (1) 給定 Y，求 X 的條件機率密度函數，(2) 給定 X，求 Y 的條件機率密度函數

答 (1) $f(x \mid y) = \begin{cases} (x^2 + y^2)/(y^2 + 1/3), & 0 \le x \le 1, 0 \le y \le 1 \\ 0, & x = \text{其它地方}, 0 \le y \le 1 \end{cases}$ ;

(2) $f(y \mid x) = \begin{cases} (x^2 + y^2)/(x^2 + 1/3), & 0 \le x \le 1, 0 \le y \le 1 \\ 0, & 0 \le x \le 1, y = \text{其它地方} \end{cases}$ ;

8. 若連續隨機變數 X，Y 的聯合機率密度函數如下，

$$f(x, y) = \begin{cases} e^{-(x+y)}, & x > 0, y > 0 \\ 0, & \text{其它地方} \end{cases},$$

求 (1) 給定 Y，求 X 的條件機率密度函數，(2) 給定 X，求 Y 的條件機率密度函數

答 (1) $f(x \mid y) = \begin{cases} e^{-x}, & x \ge 0, y \ge 0 \\ 0, & x < 0, y \ge 0 \end{cases}$ ;

(2) $f(y \mid x) = \begin{cases} e^{-y}, & x \ge 0, y \ge 0 \\ 0, & x \ge 0, y < 0 \end{cases}$

9. 若隨機變數 X 的機率密度函數如下，

$$f(x) = \begin{cases} e^{-x}, & x \ge 0 \\ 0, & x < 0 \end{cases},$$

求 $Y = X^2$ 的機率密度函數

答 $\begin{cases} e^{-\sqrt{y}}/(2\sqrt{y}), & y > 0 \\ 0, & \text{其它地方} \end{cases}$

10.若隨機變數 X 的機率密度函數如下，

$$f(x) = \frac{e^{\frac{-x^2}{2}}}{\sqrt{2\pi}} \quad , \quad -\infty < x < \infty$$

求 $Y = X^2$ 的機率密度函數

答 $\begin{cases} \dfrac{1}{e^y \sqrt{2\pi y}}, & y > 0 \\ 0, & \text{其它地方} \end{cases}$

11.若隨機變數 X 的機率密度函數如下，

$$f(x) = \frac{1}{\pi(x^2+1)}, -\infty < x < \infty \ ,$$

求 $Y = \tan^{-1} X$ 的機率密度函數

答 $\begin{cases} 1/\pi, & -\pi/2 < y < \pi/2 \\ 0, & \text{其它地方} \end{cases}$

12.若隨機變數 X 的機率密度函數如下，

$$f(x) = \begin{cases} 1/2, & -1 < x < 1 \\ 0, & \text{其它地方} \end{cases},$$

求 (1) $3X-2$，(2) $X^3+1$ 的機率密度函數

答 (1) $g(y) = \begin{cases} 1/6, & -5 < y < 1 \\ 0, & \text{其它地方} \end{cases}$ ;

(2) $g(y) = \begin{cases} (1-y)^{-2/3}/6, & 0 < y < 1 \\ (y-1)^{-2/3}/6, & 1 < y < 2 \\ 0, & \text{其他地方} \end{cases}$

13.若 X，Y 是二獨立且有相同分布的隨機變數，其機率密度函數如下，

$$f(t) = \begin{cases} 1, & 0 < t < 1 \\ 0, & \text{其它地方} \end{cases},$$

求 $X + Y$ 的機率密度函數

答 $g(u) = \begin{cases} u, & 0 < u \le 1 \\ 2 - u, & 1 < u \le 2 \\ 0, & \text{其他地方} \end{cases}$

14.若 X，Y 是二獨立且有相同分布的隨機變數，其機率密度函數如下，

$$f(t) = \begin{cases} e^{-t}, & t > 0 \\ 0, & \text{其它地方} \end{cases},$$

求 $X + Y$ 的機率密度函數

答 $g(u) = \begin{cases} ue^{-u}, & u \ge 0 \\ 0, & u < 0 \end{cases}$

15.若 X，Y 是二獨立且有相同分布的隨機變數，其機率密度函數如下，

$$f(t) = \begin{cases} te^{-t}, & t > 0 \\ 0, & \text{其它地方} \end{cases},$$

求 $X + Y$ 的機率密度函數

答 $g(x) = \begin{cases} x^3 e^{-x}/6, & x \ge 0 \\ 0, & x < 0 \end{cases}$

16.若 X，Y 是二獨立的隨機變數，其機率密度函數分別為：

$$f(x) = \begin{cases} c_1 e^{-2x}, & x > 0 \\ 0, & x \le 0 \end{cases}, \quad g(y) = \begin{cases} c_2 y e^{-3y}, & y > 0 \\ 0, & y \le 0 \end{cases}$$

求 $(1) c_1$ 和 $c_2$ 值，$(2)\ P(X+Y>1)$，$(3)\ P(1<X<2,\ Y>1)$，

$(4)\ P(1<X<2)$，$(5)\ P(Y>1)$

答 $(1)\ c_1=2, c_2=9$；$(2)\ 9e^{-2}-14e^{-3}$；$(3)\ 4e^{-5}-4e^{-7}$；

$(4)\ e^{-2}-e^{-4}$；$(5)\ 4e^{-3}$

17.若 X，Y 是二隨機變數，其聯合機率密度函數為：

$$f(x,y)=\begin{cases} c(2x+y), & 0<x<1, 0<y<2 \\ 0, & \text{其他地方} \end{cases},$$

求 $(1) c$ 值，$(2)\ P(X>1/2,\ Y<3/2)$，$(3)$ X 的邊際密度函數，$(4)$ Y 的邊際密度函數

答 $(1) 1/4$；$(2) 7/64$；$(3)\ f_X(x)=\begin{cases} x+1/2, & 0<x<1 \\ 0, & \text{其他地方} \end{cases}$；

$$(4)\ f_Y(y)=\begin{cases} (y+1)/4, & 0<y<2 \\ 0, & \text{其他地方} \end{cases}$$

18.若 X，Y 是二隨機變數，其聯合機率密度函數為：

$$f(x,y)=\begin{cases} 1/y, & 0<x<y, 0<y<1 \\ 0, & \text{其他地方} \end{cases},$$

求 $(1)$ X，Y 是否為二獨立的隨機變數，$(2)\ P(X>1/2)$，

$(3)\ P(X<1/2,\ Y>1/3)$，$(4)\ P(X+Y>1/2)$

答 $(1)$ 否；$(2)\ (1-\ln 2)/2$；$(3)\ 1/6+\ln 2/2$；$(4)\ \ln 2/2$

19.若 X，Y 是二隨機變數，其聯合機率密度函數為：

$$f(x,y)=\begin{cases} cxy, & 0<x<2, 0<y<x \\ 0, & \text{其他地方} \end{cases},$$

求 $(1)$ X，Y 是否為二獨立的隨機變數，

$(2)\ P(1/2<X<1)$，$(3)\ P(Y>1)$，$(4)\ P(1/2<X<1,\ Y>1)$

答 $(1)$ 否；$(2) 15/256$；$(3) 9/16$；$(4) 0$

20. 若 X，Y，Z 是三個隨機變數，其聯合機率密度函數
為：

$$f(x,y,z) = \begin{cases} xy^2z^3, & 0<x<1,0<y<1,0<z<1 \\ 0, & \text{其他地方} \end{cases},$$

求 (1)$P(X>1/2, Y<1/2, Z>1/2)$；(2) $P(Z<X+Y)$

答 (1)45/256；(2)1/14

21. 若二獨立的隨機變數 X 和 Y，其機率密度函數均為：

$$f(u) = \begin{cases} 2e^{-2u}, & u>0 \\ 0, & \text{其他地方} \end{cases},$$

求 (1)$E(X+Y)$，(2) $E(X^2+Y^2)$，(3) $E(XY)$

答 (1)1；(2)1；(3) 1/4

22. 若二隨機變數 X 和 Y 的聯合機率密度函數為：

$$f(x,y) = \begin{cases} \dfrac{3}{5}x(x+y), & 0<x<1,0<y<2 \\ 0, & \text{其他地方} \end{cases},$$

求 (1)$E(X)$，(2)$E(Y)$，(3)$E(X+Y)$，(4) $E(XY)$

答 (1)7/10；(2)6/5；(3)19/10；(4)5/6

23. 若二隨機變數 X 和 Y 的聯合機率密度函數為：

$$f(x,y) = \begin{cases} 4xy, & 0<x<1,0<y<1 \\ 0, & \text{其他地方} \end{cases},$$

求 (1)$E(X)$，(2)$E(Y)$，(3)$E(X+Y)$，(4) $E(XY)$

答 (1)2/3；(2)2/3；(3)4/3；(4)4/9

24.若二隨機變數 X 和 Y 的聯合機率密度函數為：

$$f(x,y) = \begin{cases} \dfrac{1}{4}(2x+y), & 0 < x < 1, 0 < y < 2 \\ 0, & \text{其他地方} \end{cases},$$

求 $(1)E(X)$，$(2)E(Y)$，$(3)E(X^2)$，$(4)E(Y^2)$，$(5)E(X+Y)$，
$(6)E(XY)$

答 $(1)7/12$；$(2)7/6$；$(3)7/4$；$(4)2/3$；$(5)7/4$；$(6)2/3$

25.設 X 和 Y 為二獨立的隨機變數，其機率質量函數分別為：

$$X = \begin{cases} 1, & \text{機率} = 1/3 \\ 0, & \text{機率} = 2/3 \end{cases}, \quad Y = \begin{cases} 2, & \text{機率} = 3/4 \\ -3, & \text{機率} = 1/4 \end{cases}$$

求 $(1)E(3X+2Y)$，$(2)E(2X^2-Y^2)$，$(3)E(XY)$，$(4)E(X^2Y)$

答 $(1)3/2$；$(2)-29/6$；$(3)1/4$；$(4)1/4$

26.若二隨機變數 X 和 Y 的聯合機率密度函數為：

$$f(x,y) = \begin{cases} x+y, & 0 < x < 1, 0 < y < 1 \\ 0, & \text{其他地方} \end{cases},$$

求 $(1)Var(X)$，$(2)Var(Y)$，$(3)\sigma_X$，$(4)\sigma_Y$，$(5)\sigma_{XY}$，$(6)\rho$

答 $(1)11/144$；$(2)11/144$；$(3)\ \sqrt{11}/12$；$(4)\ \sqrt{11}/12$；
$(5)-1/144$；$(6)-1/11$

27.若二隨機變數 X 和 Y 的聯合機率密度函數為：

$$f(x,y) = \begin{cases} e^{-(x+y)}, & x > 0, y > 0 \\ 0, & \text{其他地方} \end{cases},$$

求 $(1)Var(X)$，$(2)Var(Y)$，$(3)\sigma_X$，$(4)\sigma_Y$，$(5)\sigma_{XY}$，$(6)\rho$

答 $(1)1$；$(2)1$；$(3)1$；$(4)1$；$(5)0$；$(6)0$

28.若二隨機變數 X 和 Y 的 $E(X) = 2$，$E(Y) = 3$，
$E(XY) = 10$，$E(X^2) = 9$，$E(Y^2) = 16$，求 (1) 共變異數，
(2) 相關係數

⎡答⎤ (1)4；(2) $4/\sqrt{35}$

29.若二隨機變數 X 和 Y 的相關係數 $=-1/4$，$Var(X) = 3$，
$Var(Y) = 5$，求共變異數

⎡答⎤ $-\sqrt{15}/4$

30.若二隨機變數 X 和 Y 的聯合機率密度函數為：

$$f(x, y) = \begin{cases} x+y, & 0 < x < 1, 0 < y < 1 \\ 0, & \text{其他地方} \end{cases},$$

求 (1) 給定 X，求 Y 的條件期望值，(2) 給定 Y，求 X
的條件期望值

⎡答⎤ (1)$(3x+2)/(6x+3)$，$0 \le x \le 1$；(2) $(3y+2)/(6y+3)$，
$0 \le y \le 1$

31.若二隨機變數 X 和 Y 的聯合機率密度函數為：

$$f(x, y) = \begin{cases} 2e^{-(x+2y)}, & x > 0, y > 0 \\ 0, & \text{其他地方} \end{cases},$$

求 (1) 給定 X，求 Y 的條件期望值，(2) 給定 Y，求 X
的條件期望值

⎡答⎤ (1)1/2，$x \ge 0$；(2) 1，$y \ge 0$

32.若二隨機變數 X 和 Y 的聯合機率質量函數為：

| X＼Y | 0 | 1 | 2 |
|---|---|---|---|
| 0 | 1/18 | 1/9 | 1/6 |
| 1 | 1/9 | 1/18 | 1/9 |
| 2 | 1/6 | 1/6 | 1/18 |

求 (1) 給定 X，求 Y 的條件期望值，(2) 給定 Y，求 X 的條件期望值

答 (1)

| X | 0 | 1 | 2 |
|---|---|---|---|
| E(Y│X) | 4/3 | 1 | 5/7 |

(2)

| Y | 0 | 1 | 2 |
|---|---|---|---|
| E(X│Y) | 4/3 | 7/6 | 1/2 |

33.若隨機變數 X 的 $E(X)=3$，$Var(X)=2$，利用柴比雪夫不等式，求下列機率的上限 $(1)P(|X-3|\geq 2)$，$(2)$ $P(|X-3|\geq 1)$

答 (1)1；(2) 1/4

34.若隨機變數 X 的機率密度函數為：

$$f(x)=\frac{1}{2}e^{-|x|}, -\infty<x<\infty,$$

求 $(1)P(|X-\mu|>2)$，(2) 利用柴比雪夫不等式，求 $P(|X-\mu|>2)$ 的上限，並比較 (1) 的結果

答 (1) $e^{-2}$；(2)0.5

35.若二隨機變數 X 和 Y 的聯合機率密度函數為：

$$f(x,y)=\begin{cases} cxy, & 0<x<1,0<y<1 \\ 0, & 其他地方 \end{cases},$$

求 (1) $E(X^2+Y^2)$，(2) $E(\sqrt{X^2+Y^2})$

答 (1)1；(2) $8(2\sqrt{2}-1)/15$

36.投擲一個骰子 6 次，請問 (1) 出現一次 1 點，二次 2 點，三次 3 點的機率，(2) 每一點均出現一次的機率爲何？

　　答 (1)5/3888；(2) 5/324

37.射飛鏢遊戲，靶上塗有紅、白、藍、黃等 4 種顏色，其面積比爲：4:3:2:1，若射 10 次飛鏢，求射中 (1) 4 次紅色、3 次白色、2 次藍色、1 次黃色的機率？(2)8 次紅色、2 次黃色的機率？

　　答 (1)0.000348；(2) 0.000295

38.投擲一個骰子 4 次，請問沒有出現 1 點、2 點或 3 點的機率爲何？

　　答 3/8

# 附錄一 標準常態分布積分值

下表是標準常態分布 $\dfrac{1}{\sqrt{2\pi}}\displaystyle\int_0^z e^{-u^2/2}\,du$

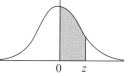

中，$z = a.bc$ 的積分值，其中最左行為 $z = a.bc$ 的 $a.b$ 值，最上列為 $z = a.bc$ 的 $c$ 值

|  | 0 | 1 | 2 | 3 | 4 | 5 | 6 | 7 | 8 | 9 |
|---|---|---|---|---|---|---|---|---|---|---|
| 0.0 | .0000 | .0040 | .0080 | .0120 | .0160 | .0199 | .0239 | .0279 | .0319 | .0359 |
| 0.1 | .0398 | .0438 | .0478 | .0517 | .0557 | .0596 | .0636 | .0675 | .0714 | .0754 |
| 0.2 | .0793 | .0832 | .0871 | .0910 | .0948 | .0987 | .1026 | .1064 | .1103 | .1141 |
| 0.3 | .1179 | .1217 | .1255 | .1293 | .1331 | .1368 | .1406 | .1443 | .1480 | .1517 |
| 0.4 | .1554 | .1591 | .1628 | .1664 | .1700 | .1736 | .1772 | .1808 | .1844 | .1879 |
| 0.5 | .1915 | .1950 | .1985 | .2019 | .2054 | .2088 | .2123 | .2157 | .2190 | .2224 |
| 0.6 | .2258 | .2291 | .2324 | .2357 | .2389 | .2422 | .2454 | .2486 | .2518 | .2549 |
| 0.7 | .2580 | .2612 | .2642 | .2673 | .2704 | .2734 | .2764 | .2794 | .2823 | .2852 |
| 0.8 | .2881 | .2910 | .2939 | .2967 | .2996 | .3023 | .3051 | .3078 | .3106 | .3133 |
| 0.9 | .3159 | .3186 | .3212 | .3238 | .3264 | .3289 | .3315 | .3340 | .3365 | .3389 |
| 1.0 | .3413 | .3438 | .3461 | .3485 | .3508 | .3531 | .3554 | .3577 | .3599 | .3621 |
| 1.1 | .3643 | .3665 | .3686 | .3708 | .3729 | .3749 | .3770 | .3790 | .3810 | .3830 |
| 1.2 | .3849 | .3869 | .3888 | .3907 | .3925 | .3944 | .3962 | .3980 | .3997 | .4015 |
| 1.3 | .4032 | .4049 | .4066 | .4082 | .4099 | .4115 | .4131 | .4147 | .4162 | .4177 |
| 1.4 | .4192 | .4207 | .4222 | .4236 | .4251 | .4265 | .4279 | .4292 | .4306 | .4319 |
| 1.5 | .4332 | .4345 | .4357 | .4370 | .4382 | .4394 | .4406 | .4418 | .4429 | .4441 |
| 1.6 | .4452 | .4463 | .4474 | .4484 | .4495 | .4505 | .4515 | .4525 | .4535 | .4545 |
| 1.7 | .4554 | .4564 | .4573 | .4582 | .4591 | .4599 | .4608 | .4616 | .4625 | .4633 |
| 1.8 | .4641 | .4649 | .4656 | .4664 | .4671 | .4678 | .4686 | .4693 | .4699 | .4706 |
| 1.9 | .4713 | .4719 | .4726 | .4732 | .4738 | .4744 | .4750 | .4756 | .4761 | .4767 |
| 2.0 | .4772 | .4778 | .4783 | .4788 | .4793 | .4798 | .4803 | .4808 | .4812 | .4817 |
| 2.1 | .4821 | .4826 | .4830 | .4834 | .4838 | .4842 | .4846 | .4850 | .4854 | .4857 |
| 2.2 | .4861 | .4864 | .4868 | .4871 | .4875 | .4878 | .4881 | .4884 | .4887 | .4890 |
| 2.3 | .4893 | .4896 | .4898 | .4901 | .4904 | .4906 | .4909 | .4911 | .4913 | .4916 |
| 2.4 | .4918 | .4920 | .4922 | .4925 | .4927 | .4929 | .4931 | .4932 | .4934 | .4936 |
| 2.5 | .4938 | .4940 | .4941 | .4943 | .4945 | .4946 | .4948 | .4949 | .4951 | .4952 |
| 2.6 | .4954 | .4955 | .4956 | .4957 | .4959 | .4960 | .4961 | .4962 | .4963 | .4964 |
| 2.7 | .4965 | .4966 | .4967 | .4968 | .4969 | .4970 | .4971 | .4972 | .4973 | .4974 |
| 2.8 | .4974 | .4975 | .4976 | .4977 | .4977 | .4978 | .4979 | .4979 | .4980 | .4981 |
| 2.9 | .4981 | .4982 | .4982 | .4983 | .4984 | .4984 | .4985 | .4985 | .4986 | .4986 |
| 3.0 | .4987 | .4987 | .4987 | .4988 | .4988 | .4989 | .4989 | .4989 | .4990 | .4990 |
| 3.1 | .4990 | .4991 | .4991 | .4991 | .4992 | .4992 | .4992 | .4992 | .4993 | .4993 |
| 3.2 | .4993 | .4993 | .4994 | .4994 | .4994 | .4994 | .4994 | .4995 | .4995 | .4995 |
| 3.3 | .4995 | .4995 | .4995 | .4996 | .4996 | .4996 | .4996 | .4996 | .4996 | .4997 |
| 3.4 | .4997 | .4997 | .4997 | .4997 | .4997 | .4997 | .4997 | .4997 | .4997 | .4998 |
| 3.5 | .4998 | .4998 | .4998 | .4998 | .4998 | .4998 | .4998 | .4998 | .4998 | .4998 |
| 3.6 | .4998 | .4998 | .4999 | .4999 | .4999 | .4999 | .4999 | .4999 | .4999 | .4999 |
| 3.7 | .4999 | .4999 | .4999 | .4999 | .4999 | .4999 | .4999 | .4999 | .4999 | .4999 |
| 3.8 | .4999 | .4999 | .4999 | .4999 | .4999 | .4999 | .4999 | .4999 | .4999 | .4999 |
| 3.9 | .5000 | .5000 | .5000 | .5000 | .5000 | .5000 | .5000 | .5000 | .5000 | .5000 |

國家圖書館出版品預行編目資料

第一次學機率就上手／林振義作. --初版.
--臺北市：五南圖書出版股份有限公司，
2021.10
　　　面；　　公分.

　ISBN 978-626-317-199-2 (平裝)

1.機率論

319.1　　　　　　　　　　110015053

5BEG

# 第一次學機率就上手

作　　者 ― 林振義 (130.6)

發 行 人 ― 楊榮川

總 經 理 ― 楊士清

總 編 輯 ― 楊秀麗

主　　編 ― 高至廷

責任編輯 ― 張維文

封面設計 ― 王麗娟

出 版 者 ― 五南圖書出版股份有限公司

地　　址：106台北市大安區和平東路二段339號4樓

電　　話：(02)2705-5066　　傳　　真：(02)2706-6100

網　　址：https://www.wunan.com.tw

電子郵件：wunan@wunan.com.tw

劃撥帳號：01068953

戶　　名：五南圖書出版股份有限公司

法律顧問　林勝安律師事務所　林勝安律師

出版日期　2021年10月初版一刷

定　　價　新臺幣350元

# 經典永恆・名著常在

## 五十週年的獻禮 —— 經典名著文庫

五南，五十年了，半個世紀，人生旅程的一大半，走過來了。

思索著，邁向百年的未來歷程，能為知識界、文化學術界作些什麼？

在速食文化的生態下，有什麼值得讓人雋永品味的？

歷代經典・當今名著，經過時間的洗禮，千錘百鍊，流傳至今，光芒耀人；

不僅使我們能領悟前人的智慧，同時也增深加廣我們思考的深度與視野。

我們決心投入巨資，有計畫的系統梳選，成立「經典名著文庫」，

希望收入古今中外思想性的、充滿睿智與獨見的經典、名著。

這是一項理想性的、永續性的巨大出版工程。

不在意讀者的眾寡，只考慮它的學術價值，力求完整展現先哲思想的軌跡；

為知識界開啟一片智慧之窗，營造一座百花綻放的世界文明公園，

任君遨遊、取菁吸蜜、嘉惠學子！